PRATIQUE
DU
DRAINAGE

INSTRUCTIONS

PRATIQUES

SUR LE DRAINAGE

PARIS. — IMPRIMÉ PAR E. THUNOT ET Cᵉ, 26, RUE RACINE.

INSTRUCTIONS PRATIQUES

SUR

LE DRAINAGE

RÉUNIES

PAR ORDRE DU MINISTRE DE L'AGRICULTURE,

DU COMMERCE ET DES TRAVAUX PUBLICS,

PAR HERVÉ MANGON

INGÉNIEUR DES PONTS ET CHAUSSÉES.

Troisième édition,

CONFORME A L'ÉDITION DE L'IMPRIMERIE IMPÉRIALE

ET AUGMENTÉE DE NOTES ÉTENDUES.

PARIS

DUNOD, ÉDITEUR,

SUCCESSEUR DE V\u1d52ʳ DALMONT,

Précédemment Carilian-Gœury et Victor Dalmont,

LIBRAIRE DES CORPS IMPÉRIAUX DES PONTS ET CHAUSSÉES ET DES MINES,

Quai des Augustins, 49.

1863

AVERTISSEMENT

P O U R L A T R O I S I È M E É D I T I O N.

Cette troisième édition des *Instructions pratiques sur le drainage*, ne diffère des précédentes que par les notes qui y ont été ajoutées. Il convenait, en effet, de répondre à certaines questions souvent répétées, sans cependant modifier la forme d'un travail auquel les plus modestes praticiens et le public agricole ont fait un accueil si favorable.

Les succès que nous promettions au drainage, dans notre premier ouvrage sur ce sujet, il y a plus de onze ans, ont dépassé tout ce que l'on pouvait espérer. Si l'on parle moins du drainage

1

qu'il y a quatre ans ou cinq ans, c'est qu'on en fait davantage. Il y a quelques années, en effet, le drainage d'un champ dans un département était un événement que la presse signalait, que les sociétés d'agriculture s'empressaient de récompenser. Aujourd'hui, les travaux sont si nombreux que personne ne pense à parler d'un effort isolé. Le même fait s'est produit en Angleterre : depuis que le drainage est devenu une pratique générale, on n'en parle pas plus que des opérations usuelles de la culture.

L'étendue des terres drainées en France au 1er janvier 1862, dépasse de beaucoup 104,000 hectares, chiffre indiqué par les dernières recherches faites à ce sujet. Il a été consacré déjà près de 30 millions de francs aux travaux de cette espèce. La plus-value foncière réalisée est évaluée à un peu plus du triple des sommes dépensées, et l'accroissement annuel de produit à 30 p. 100, en moyenne, des capitaux consacrés à ces entreprises.

Les travaux s'étendent rapidement : la surface drainée en 1861 seulement forme près du quart de la surface totale assainie dans les dix années précédentes.

Les ingénieurs du service hydraulique ont pris une large part aux travaux de drainage. Plus de quatre mille propriétaires ont eu recours à leurs lumières et à leur zèle désintéressé ; plus de 21,000 hectares ont été drainés ainsi sous leur direction.

Les lois sur le drainage peuvent offrir aux propriétaires qui veulent en profiter de grands avantages.

La tâche est loin assurément d'être accomplie, la surface drainée est encore bien petite à côté des 6 millions d'hectares environ qui restent à assainir. Mais les résultats obtenus sont immenses si l'on tient compte du peu de temps écoulé depuis l'introduction du drainage en France, des hésitations, des difficultés sans nombre, inséparables des premiers essais. Jamais procédé nouveau ne s'est propagé aussi vite en agriculture ; jamais le mouvement ne s'est développé et accéléré d'une manière plus rapide et plus régulière. La cause du drainage est maintenant gagnée dans notre pays ; je suis heureux d'avoir à le constater aujourd'hui avec certitude, après avoir donné tánt d'années à l'étude de ce puissant moyen d'amélioration foncière.

Septembre 1862.

Hervé Mangon.

AVERTISSEMENT

POUR LA DEUXIÈME ÉDITION.

On parle beaucoup, en ce moment(1), d'un prêt de 100 millions que l'État se propose de faire à la propriété foncière pour l'exécution de travaux de drainage.

Personne n'est étonné du chiffre de ce crédit, sans exemple, jusqu'à ce jour, dans la liste des encouragements donnés à l'agriculture; c'est que partout et chaque jour, en effet, le drainage

(1) Cet avertissement est du commencement de 1856. On le reproduit ici à cause des faits historiques qu'il rappelle.

donne de nouvelles preuves de sa puissance d'amélioration, fait naître de nouvelles espérances et rend des services que l'on était loin de penser à lui demander.

Comme tous les procédés d'un intérêt vraiment sérieux, le drainage semble destiné à rapprocher l'une de l'autre, par des services mutuels, l'agriculture et l'industrie manufacturière si longtemps séparées.

Ici les mines de la Sarthe voient diminuer, par le drainage des terrains situés au-dessus d'elles, les eaux qui envahissent leurs galeries ; et l'agriculture profite des travaux qui diminuent les frais d'extraction du combustible.

Ailleurs, dans le Nord, une industrie puissante, la distillerie de la betterave, se trouvait à la veille d'interrompre ses opérations, faute de pouvoir se débarrasser de ses résidus, dont le volume toujours croissant infectait le pays et souillait les eaux des ruisseaux et des rivières. Guidée par les indications de mes essais antérieurs, l'autorité départementale a pu concilier les intérêts de l'industrie privée et ceux de l'hygiène publique. Les *vinasses* de betterave répandues sur les terres drainées perdent leur odeur désagréable et malfaisante; elles se transforment, au profit du sol, sous l'influence des combustions lentes les plus intéressantes, en éléments d'une fertilité nouvelle.

A voir les développements rapides du drainage, les résultats admirables qu'il produit, l'intérêt général qu'il inspire, la faveur universelle dont il est justement entouré, qui pourrait imaginer ce qu'était en France, il y a cinq ou six ans, cette belle pratique agricole?

Il ne sera pas inutile de le rappeler. Au moment de réimprimer ce petit traité, je dois, d'ailleurs, expliquer comment j'ai été amené à m'occuper de sa rédaction.

C'est à peine si l'on pouvait citer, en 1850, les essais de drainage de quelques propriétaires français. Le mot lui-même était presque inconnu; et lorsque j'appelai sur ce sujet, dans les premiers mois de 1850, l'attention du ministère des travaux publics, beaucoup de personnes doutèrent que la question, au point de vue de l'agriculture française, méritât l'examen que je demandais à en faire en Angleterre.

Cependant j'obtins la mission que j'avais sollicitée. Ce fut le premier encouragement officiel donné aux travaux de drainage par le ministère des travaux publics, qui n'avait été devancé, dans cette voie, que de deux ou trois mois par M. Dumas, alors ministre de l'agriculture, l'un des premiers qui ait compris, en France, l'importance du procédé nouveau.

En 1851, je publiai, dans la deuxième édition du *Dictionnaire des arts et manufactures*, un article fort détaillé sur le drainage. C'était la première publication française originale et un peu étendue sur ce sujet. On n'avait imprimé, jusque-là, que des traductions d'ouvrages anglais, insuffisantes pour servir de guide dans la pratique de l'opération. Cet article, réimprimé à un très-grand nombre d'exemplaires, a été, depuis lors, souvent reproduit par différents auteurs, ainsi que les gravures qui l'accompagnaient.

De plus en plus convaincu, par mes voyages et ma propre expérience, de l'avenir immense qui attendait la pratique nouvelle, persuadé que le gouvernement français adopterait tôt ou tard les mesures législatives dont l'Angleterre retirait de si précieux avantages, je publiai, en juin 1853, le résumé du rapport rédigé à la suite de ma mission de 1850. Cet ouvrage contenait un exposé détaillé des procédés d'exécution, l'analyse et les textes complets des lois anglaises.

L'Académie des sciences honora ce livre de l'une de ses plus hautes distinctions. Les nombreux articles qu'il suscita dans tous les journaux attirèrent vivement l'attention publique sur les bienfaits du drainage.

Depuis mes premières études, je ne cessai de rechercher activement toutes les occasions de me familiariser avec la pratique et la théorie du procédé. Près de 2,000 hectares, dispersés dans toutes les parties de la France, ont été drainés sous ma direction immédiate, ou avec le concours de mes conseils personnels.

Je dois, sans doute, à cette expérience de terrains et de conditions variées, que bien peu de personnes ont dû trouver l'occasion d'acquérir, l'honneur d'avoir été chargé, par le ministère de l'agriculture, du commerce et des travaux publics, de la rédaction de ces *Instructions pratiques*.

Le succès de ce petit ouvrage, dont près de sept mille exemplaires se sont placés en un an, a fait penser à l'éditeur qu'il serait utile d'en donner une seconde édition. Le texte ne diffère pas de celui de l'imprimerie impériale. Les figures sont tirées avec les bois qui ont servi à la première impression.

Le 3 mai 1856.

Hervé Mangon.

AVERTISSEMENT

POUR LA PREMIÈRE ÉDITION.

———

Ces *Instructions* sont spécialement destinées aux employés du ministère de l'agriculture, du commerce et des travaux publics qui peuvent se trouver appelés à surveiller des opérations de drainage. On a dû, par conséquent, décrire ici, avec tous les détails nécessaires, les procédés les plus perfectionnés *d'exécution* des travaux de cette nature, mais écarter soigneusement toute discussion théorique, et toute étude purement scientifique, administrative ou financière.

Pour approfondir l'étude de l'art du drainage, les ingénieurs agricoles et les propriétaires devront consulter les ouvrages spéciaux et déjà nombreux publiés sur ce sujet. Ils ne trouveraient dans ce volume ni la solution des difficultés exceptionnelles qu'ils pourront rencontrer, ni l'explication abstraite de la plupart des phénomènes que présente le drainage(1). On a seulement désiré que ces Instructions pussent leur éviter d'avoir à rechercher eux-mêmes et à formuler pour chacun de leurs ouvriers, ou de leurs surveillants, les règles pratiques de l'exécution des travaux.

On ne prétend nullement, d'ailleurs, donner comme absolues les méthodes décrites dans cette brochure, et encore moins les imposer aux praticiens. Elles ont toutes été, il est vrai, soumises avec succès à l'épreuve en grand de la pratique, mais on est loin de penser qu'elles soient arrivées à leur dernier degré de per-

---

(1) Les notes ajoutées à cette troisième édition comblent une partie de ces lacunes.

fection et que, dès lors, il n'y ait plus à les améliorer.

La fabrication des tuyaux étant encore peu répandue dans les départements, malgré les nombreux encouragements de l'Administration, on a pensé qu'il serait utile de donner à cet égard les mêmes renseignements que sur les travaux eux-mêmes.

Les figures ont été l'objet d'un soin particulier. Elles sont toutes dessinées exactement et à l'échelle d'après les objets eux-mêmes; elles peuvent parfaitement servir de guide pour le tracé des dessins d'exécution.

INSTRUCTIONS PRATIQUES

SUR

LE DRAINAGE

RÉUNIES

PAR ORDRE DE M. LE MINISTRE DE L'AGRICULTURE,
DU COMMERCE ET DES TRAVAUX PUBLICS.

INTRODUCTION

But du drainage. — Tous les cultivateurs connaissent les inconvénients des terres imbibées d'eau stagnante, et comprennent l'intérêt que l'on a, sous tous les rapports, à donner à cette eau surabondante un moyen régulier d'écoulement, sans cependant produire une dessiccation complète, aussi funeste qu'une trop grande humidité. C'est le but que l'on se propose d'atteindre par l'opération connue sous le nom de *drainage.*

Perfectionnement des anciennes méthodes d'assainissement par l'emploi de tuyaux. — Les méthodes d'assainissement au moyen de rigoles souterraines sont connues et mises en œuvre, sur une plus ou moins grande échelle, depuis un temps illimité ; mais elles ne sont devenues d'une application facile, économique et générale, que depuis les perfectionnements qu'elles ont reçus, en Angleterre, par l'emploi des tuiles et surtout des tuyaux en terre cuite.

Description sommaire du procédé. — Les travaux de drainage consistent presque toujours aujourd'hui à ouvrir, dans la terre à assainir, une série de tranchées très-étroites de 1^m,20 environ de profondeur. On dispose au fond de ces tranchées des tuyaux en poterie, posés bout à bout à la suite les uns des autres, que l'on recouvre ensuite en rejetant dans la tranchée la terre qui en avait été extraite. Les tuyaux communiquent les uns avec les autres et débouchent à l'air libre, au point le plus bas de chaque système de rigoles. L'eau en excès qui imprègne le sol arrive, par infiltration, jusqu'aux tuyaux de terre cuite ; elle s'y introduit à travers les joints qui existent entre leurs extrémités, s'y réunit en plus ou moins grande quantité, et s'écoule, en suivant la pente, par l'extrémité la plus basse de la ligne des drains.

Principaux effets du drainage. — Cette opération, si simple en elle-même, exerce sur les phénomènes de la végétation et sur les travaux de la culture l'influence la plus avantageuse et les effets les plus remarquables.

Le rapide écoulement des eaux de pluie à travers le sol et l'abaissement des eaux stagnantes, quelle qu'en soit l'origine, à une profondeur suffisante pour ne plus nuire au développement des racines, sont les deux résultats directs et immédiats d'un drainage bien fait.

De ces deux premiers effets résultent, pour les terres auxquelles le drainage peut s'appliquer avantageusement, une moindre évaporation à la surface de la terre, un accroissement notable de la chaleur du sol, une modification profonde de la constitution de la couche arable, qui a moins de tendance à se fendre, et conserve par suite plus de fraîcheur pendant l'été, une augmentation énorme de la fertilité, par l'introduction dans la terre des gaz et des substances les plus nécessaires au développement de toutes les récoltes, et, enfin, une amélioration considérable dans l'état sanitaire et le régime général des eaux des contrées où les travaux de cette espèce s'exécutent sur une certaine échelle.

Les eaux de pluie étant rapidement absorbées par les terrains drainés, ne peuvent plus se réunir, dégrader la surface des champs et délaver les fumiers, en entraînant au loin leurs principes les plus précieux. C'est, pour le cultivateur, une économie de chaque jour, dont on n'apprécie pas assez généralement toute l'importance.

L'application du drainage aux terres humides permet de les labourer presque en toute saison, avantage que tous les agriculteurs sauront apprécier.

La santé des bestiaux s'améliore rapidement sur les terrains drainés. La pourriture, en particulier, cesse d'attaquer les moutons; aussi voit-on toujours les animaux se réunir de préférence sur les parties drainées de la pièce qu'ils pâturent.

L'eau qui imbibe le sol, et qui est entraînée par les tuyaux, est immédiatement remplacée par de l'air atmosphérique, que chasse ensuite une nouvelle pluie. Ce second volume d'eau est à son tour remplacé par de l'air, et ainsi de suite successivement. Ce renouvellement, autour des racines, des principes les plus nécessaires à l'alimentation des végétaux, permet aux plantes de se développer dans les meilleures conditions.

L'époque de la maturité des récoltes est notablement avancée par l'accroissement de chaleur qui résulte pour le sol d'un drainage bien exécuté. Cet effet est maintenant parfaitement constaté.

Quant à l'influence du drainage sur la salubrité publique, elle est manifeste. Dans beaucoup de localités, on a vu les fièvres intermittentes épidémiques disparaître après l'exécution de grandes opérations de cette espèce. Souvent les brouillards cessent de se manifester sur les terres assainies (1).

Sols auxquels convient surtout le drainage. — Le

---

(1) Voir la note n° 1.

résumé rapide, que l'on vient de lire, des inconvénients que le drainage fait disparaître et des avantages qu'il procure, suffit pour faire reconnaître les terres auxquelles il convient d'appliquer ce procédé d'amélioration.

On comprend, en effet, que le drainage doit surtout s'appliquer avantageusement aux terres froides et fortes, aux sols argileux, et en général aux terrains imperméables ou reposant sur un terrain imperméable. Sans parler des terrains bourbeux ou marécageux proprement dits, au sujet desquels il ne peut y avoir de doute, on peut dire que les terrains qui ont le plus besoin d'être drainés présentent les caractères suivants, plus ou moins développés, seuls ou réunis, mais toujours assez faciles à reconnaître.

Ils sont couverts de flaques d'eau plusieurs jours après la pluie ; les trous que l'on y creuse, même après une longue sécheresse, présentent des suintements d'eau ; au printemps surtout, on y remarque des parties d'une teinte plus foncée que l'ensemble de la pièce ; le matin, on y observe souvent des vapeurs abondantes.

La végétation, dans les terrains dont il s'agit, est languissante, peu hâtive, les tiges des plantes jaunissent, en partant du pied, longtemps avant la maturité ; après quelques mois de jachère, la surface du sol se recouvre plus ou moins complétement d'une espèce de petite mousse ; enfin, les joncs, les carex, les prêles, les renoncules, la laiche, les col-

chiques d'automne, etc. , s'y rencontrent abondamment.

Ces caractères, lorsqu'ils sont très-prononcés,
frappent l'œil le moins exercé; mais beaucoup de
terrains auxquels le drainage est applicable avec
avantage ne sont pas aussi faciles à reconnaître.
Cependant, on n'insistera pas davantage sur ce sujet, aucune description, quelque longue et minu-
tieuse qu'elle soit, ne pouvant, à cet égard, remplacer des observations attentives et un peu d'expérience.

D'ailleurs, en visitant une terre, on ne saurait
assez tenir compte des remarques de celui qui la
cultive. Le plus simple ouvrier rural est souvent le
meilleur guide à consulter, et l'on est étonné de
l'exactitude de ses descriptions des effets de l'humidité, et de la précision avec laquelle il trace le périmètre des portions les plus nécessaires à drainer.

La détermination des terres qu'il est utile de drainer ne peut donc, en pratique, présenter aucune
difficulté, même aux personnes qui débutent dans
les travaux de ce genre ; les indications des cultivateurs suffisent toujours pour signaler les points où
se manifestent les inconvénients que le drainage fait
disparaître. On n'insistera donc point davantage sur
ce sujet.

Divisions du travail. — D'après ce qui a été dit
ci-dessus, les travaux de drainage consistent, en

principe, à ouvrir des tranchées au fond desquelles on dépose des tuyaux, que l'on recouvre ensuite avec la terre extraite d'abord de la tranchée. Ces tuyaux doivent être disposés de manière à donner à l'eau surabondante, dont ils doivent débarrasser le sol, un écoulement facile. La première question qui se présente est donc de déterminer les directions, les pentes, la profondeur et les autres éléments d'établissement de ces lignes de drains.

Lorsque ces conditions générales d'établissement sont déterminées, il suffit, pour assurer le succès de l'opération, de procéder à l'exécution du travail, en suivant attentivement les méthodes que la pratique a sanctionnées.

Enfin, comme il n'existe pas encore de fabriques de tuyaux dans tous nos départements, il est souvent nécessaire que les personnes qui veulent diriger des drainages s'occupent aussi d'organiser la fabrication des tuyaux, qui forme, cependant, une industrie spéciale annexe de celle du briquetier-tuilier.

Ces instructions ont donc été partagées en trois parties :

La première est consacrée à l'exposition des principes généraux des tracés de drainage.

La seconde est un résumé des procédés d'exécution des travaux.

La troisième, enfin, indique le mode de fabrication des tuyaux.

PREMIÈRE PARTIE

TRACÉ DU DRAINAGE.

CHAPITRE I.

NIVELLEMENT ET LEVÉ DU PLAN.

Levé et nivellement du plan. — Ces instructions, comme l'indique leur titre, s'adressent à des personnes familiarisées avec la pratique des procédés de levé de plans et de nivellement. Il ne saurait donc entrer dans notre cadre de décrire les instruments qui servent à exécuter ces opérations élémentaires (1). Mais il convient d'indiquer la méthode qu'une longue expérience a fait reconnaître comme la plus facile, la plus rapide et la plus sûre pour l'étude d'un terrain, au point de vue spécial d'un travail de drainage ou d'irrigation. L'emploi des plans cotés ou des profils en travers, ordinairement employés dans le service des ponts et chaussées, permet assurément de dresser un projet de drainage; mais cette méthode exige que l'on *calcule* et que l'on *rapporte* des

____

(1) Voyez la note 2.

nivellements, et tout en demandant infiniment plus de travail préparatoire que celle des plans à courbes de niveau que nous recommandons, elle rend beaucoup plus difficile et beaucoup moins certain le tracé du projet de drainage.

Jalonnage. — Pour lever par courbes horizontales un terrain à drainer, voici comment il convient de procéder :

On fait tracer sur le terrain de forme quelconque, A B C D E F (fig. 1), avec des jalons et dans une

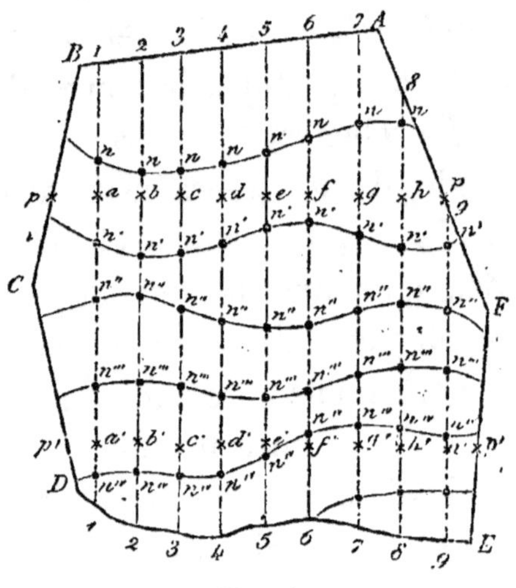

Fig. 1.

Levé et nivellement d'un terrain.

direction arbitraire, mais qu'il convient de choisir suivant la pente générale du sol, une série de parallèles équidistantes 1, 1 ; 2, 2 ; 3, 3 ; . . . . . etc. Ces lignes peuvent être espacées de 5o mètres les unes des autres dans un terrain très-régulier : on les rapprocherait beaucoup plus dans un terrain très-accidenté.

Le placement de ces jalons est on ne peut plus facile : on trace au hasard l'une des lignes, 4, 4, par exemple ; puis, avec une équerre d'arpenteur, on fait placer perpendiculairement à sa direction, et à une distance quelconque, les jalons p, p, p', p', qui déterminent deux lignes sur chacune desquelles on mesure avec la chaîne des longueurs égales entre elles et à l'espacement que l'on veut mettre entre les parallèles. A chacun des points $a, b, c, d, \ldots$, $a', b', c', d', \ldots$, déterminés par ces chaînages, on met un jalon ; ces jalons appartiennent, deux à deux, aux lignes cherchées 1, a, a', 1 ; 2, b, b', 2 ; 3, c, c', 3 ; ... 5, e, e', 5, et ainsi de suite, et permettent de les compléter rapidement en servant de guide au besoin, pour le placement de quelques autres jalons.

Ce premier travail est si simple, qu'il suffit d'opérer une fois devant des enfants de seize à dix-huit ans, ou devant les ouvriers les moins intelligents, pour qu'ils s'en acquittent ensuite parfaitement bien.

Nivellement. — Lorsque les lignes de jalons sont ainsi disposées, le niveleur, muni d'un niveau d'eau, ou mieux d'un niveau à bulle et à lunette, se place dans un point tel qu'il puisse embrasser le plus grand espace possible d'une seule visée ; puis, il fait placer son porte-mire en un point *n* de la ligne 1, 1, par exemple, rattaché au point fixe pris pour repère de nivellement, et placé dans la partie la plus haute de cette ligne. Le porte-mire, après avoir *très-solidement fixé* le voyant de la mire, place en ce point un jalon facile à distinguer des autres par la couleur du papier placé à sa tête ou par tout autre signe ; il se transporte alors sur la ligne 2, 2, et monte ou descend sur cette ligne, suivant les indications de l'opérateur, jusqu'à ce que le voyant de la mire se trouve de nouveau dans la ligne de visée du niveau, qui n'a pas dû être déplacé.

Le point *n* de la ligne 2, 2 ainsi déterminé est, évidemment, à la même hauteur que le premier point *n* de la ligne 1, 1. Le porte-mire y place un jalon semblable à celui qu'il a mis à ce dernier point ; puis, il se transporte sur la ligne 3, 3, toujours sans changer le voyant, et détermine sur cette ligne un nouveau point situé au même niveau que les deux premiers ; il continue de la même manière pour les autres lignes. Tous ces points *n* se trouvent à une même hauteur, que nous supposerons, pour fixer les idées, à 15 mètres, par exemple, au-dessus du plan pris pour terme de comparaison.

Lorsqu'il a été ainsi déterminé un point *n* sur toutes les lignes d'opération, on élève (puisqu'on a supposé que l'on avait commencé par le haut de la pièce) le voyant de la mire de l'intervalle que l'on veut mettre entre les plans horizontaux d'opération, soit de $0^m,50$, et l'on détermine, toujours sans changer le niveau de place, une nouvelle série de points n' placés dans un plan inférieur de $0^m,50$ au plan des points n, c'est-à-dire à $15^m - 0^m,50$ ou $14^m,50$ au-dessus du plan de comparaison. Puis, on élève de nouveau le voyant de la mire de $0^m,50$, et l'on détermine une nouvelle série de points n'', qui se trouvent à la cote $15^m - 0^m,5 - 0^m,5 = 14^m,0$ au-dessus du plan de comparaison, et ainsi de suite.

En joignant par la pensée les points $n, n, \ldots$; $n', n' \ldots$; $n'', n'' \ldots$, par des lignes tracées à la surface du sol, il est clair que ces lignes représentent l'intersection du terrain par des plans horizontaux équidistants. Ces lignes sont ce que l'on appelle les *horizontales du terrain*.

Pour simplifier l'explication, on a supposé que l'on pouvait d'une seule station du niveau apercevoir et déterminer tous les points $n, n\ldots n', n'\ldots n''$, $n''\ldots$ etc.; c'est, en effet, dans la pratique, le cas le plus ordinaire. Les terrains en culture sont généralement peu accidentés et complétement découverts, et l'on peut presque toujours, avec un niveau à bulle et à lunette, niveler, d'une seule station, une pièce de 5 ou 6 hectares.

Le déplacement du niveau, s'il était nécessaire, ne serait pas, du reste, une difficulté pour les personnes qui se sont rendu compte des opérations de nivellement. Il est clair que s'il fallait déplacer le niveau, soit pour passer d'un point d'une courbe horizontale à un autre point de la même courbe, soit pour passer d'une série de points de niveau à la série suivante inférieure ou supérieure, il suffirait de faire rester le porte-mire au dernier point déterminé, de déplacer le niveau, de ramener le voyant dans la nouvelle ligne de visée, de le fixer solidement dans sa nouvelle position, et de continuer à opérer comme on l'aurait fait sans le déplacement de l'instrument et sans celui du voyant.

Levé. — Quand on a placé, en procédant comme on vient de l'indiquer, les séries de jalons n, n...., n', n'......, n'', n''...., il ne reste plus, pour rapporter à la fois le plan et le nivellement sur le papier, qu'à chaîner sur la ligne 1, 1 les distances 1 n, $n\,n'$, $n'\,n''$, $n''\,n'''$, $n'''\,n''''$, n'''' 1 ; sur la ligne 2, 2, les distances 2 n.... n'''' 3, et ainsi de suite. On inscrit toutes ces distances sur une feuille de papier réglée d'avance pour représenter la position des lignes d'opération, ou même sur une feuille de papier quadrillée, pour que le plan se trouve immédiatement à l'échelle, et l'on a évidemment toutes les données nécessaires pour déterminer à la fois les points principaux du périmètre de la pièce et le tracé des horizontales du terrain. Il suffit, en effet, de reporter au bureau, sur le papier, les distances mesurées, et de joindre les points ainsi obtenus par des lignes.

Échelle. — L'échelle la plus commode et la plus ordinairement employée pour les études de détail d'opération de drainage est celle de 1 millimètre pour 1 mètre (0,001).

Écartement des horizontales. — La distance verticale séparatrice des courbes de niveau doit être d'autant plus faible que le terrain est moins incliné. Il convient, dans les terrains réguliers, de déterminer l'écartement de ces courbes de telle sorte que leur distance en plan n'excède pas 20 à 5o mètres. En pratique, on les espace généralement entre elles, dans le sens vertical, de 1 mètre, de o^m,5o ou de o^m,25 ; il est très-rare qu'il soit utile de les rapprocher davantage ; dans les terrains presque horizontaux, on se borne à prendre les cotes de quelques points et de l'origine des fossés d'écoulement.

Les courbes horizontales sont tracées sur le plan en lignes très-fines, avec de l'encre de Chine un peu pâle ; chacune d'elles porte, écrite à l'encre, à ses deux extrémités et en un ou deux autres points de sa longueur, un chiffre indiquant sa hauteur au-dessus du plan général de comparaison adopté pour le nivellement.

Points remarquables à lever. — Inutile d'ajouter que, pour compléter l'opération dont il vient d'être parlé, il faut encore fixer la position des points remarquables, tels que fossés, haies, arbres, barrières, etc., qui ne seraient pas donnés par les lignes d'opération, et déterminer les cotes de niveau de quelques points remarquables du périmètre de la pièce qui se trouveraient éloignés des courbes, et, surtout, s'assurer que le point où l'on peut établir l'écoulement se trouve placé de manière à permettre, en effet, sans obstacle cet écoulement.

Facilité de l'opération. — On remarquera que la double opération du levé du plan et du nivellement, dont on vient d'expliquer la marche, n'exige l'inscription d'aucune cote, ne nécessite aucun calcul de rapport de profil, et qu'elle peut, dès lors, être confiée aux agents les moins expérimentés, pourvu qu'ils soient attentifs et capables de faire un chaînage.

On ne saurait assez vivement recommander de toujours procéder, avant toute opération de drainage, à un nivellement du terrain exécuté comme on vient de le dire : il n'y a pas un projet tracé directement sur le sol, comme on le fait souvent, qui ne puisse être amélioré par une étude de cabinet faite avec un plan nivelé. Ce travail, on le répète, est excessivement simple ; il s'exécute avec une grande rapidité aussitôt qu'on en a bien compris la marche.

Un niveleur, avec un porte-mire et deux jalonneurs capables de chaîner, peut très-facilement lever et niveler par jour de 5 à 6 hectares au moins, dans

un terrain ordinaire. Les entrepreneurs de nivellement en font beaucoup plus, et gagnent de très-
fortes journées en se chargeant de ce travail à raison
de 4 ou 5 francs par hectare, le rapport du plan
compris. La plus légère amélioration de tracé cou-
vre évidemment, et bien au delà, une aussi faible dépense.

Lorsque le plan du terrain à drainer a été levé, on
peut procéder à la rédaction du projet de drainage,
en se conformant aux règles générales exposées dans
les chapitres suivants.

CHAPITRE II.

Définitions. — Un réseau de drainage se compose de tuyaux de divers calibres, dont il faut d'abord indiquer les noms.

On appelle petits drains, ou drains de dernier ordre, les tuyaux du plus petit diamètre et qui ne reçoivent, par embranchement, les eaux d'aucune autre ligne ; les collecteurs de premier ordre, ou drains principaux de premier ordre, sont ceux qui reçoivent directement les eaux des petits drains ; les collecteurs de deuxième ordre reçoivent les eaux des collecteurs de premier ordre ; ceux de troisième ordre reçoivent les eaux des drains de deuxième ordre, et ainsi de suite.

Principe du tracé. — La pesanteur est la force qui détermine l'écoulement de l'eau à travers les canaux capillaires, naturels ou artificiels, du massif de terre sur lequel doit agir un drain ; le tracé des lignes de tranchées doit donc, avant tout, favoriser, autant que possible, l'action de cette force.

Terrains très-peu inclinés. — Lorsque le sol est sensiblement horizontal, la direction des drains est, en elle-même, assez peu importante; il est indifférent qu'ils soient parallèles, perpendiculaires ou obliques à la direction des sillons. Leur disposition dépend alors de la position des canaux de décharge et des moyens d'écoulement dont on dispose.

Terrains inclinés. — Mais quand le terrain est incliné, d'autres considérations influent sur la position des drains; si la pente est très-faible, on comprend que pour assurer l'écoulement de l'eau dans les tuyaux, il faut les placer suivant la ligne de *plus grande pente*, ligne qui est dirigée, comme on sait, perpendiculairement aux horizontales du terrain, définies comme on l'a fait ci-dessus, page 27.

Plusieurs raisons conduisent, du reste, à adopter la même règle pour toutes les inclinaisons du sol qui ne dépassent pas $0^m,15$ à $0^m,20$ par mètre. Le canal placé au fond d'une tranchée dirigée suivant la ligne de plus grande pente se trouve, en effet, symétriquement placé par rapport à la surface, et fait sentir son action, dans un terrain homogène, à égale distance à droite et à gauche. Il n'en est pas de même quand le tracé s'écarte de la ligne de plus grande pente : le drain agit entièrement du côté où le terrain s'élève, mais son action se trouve plus ou moins réduite du côté où le terrain descend, et peut même s'annuler presque complétement, comme il est facile de s'en convaincre à l'aide d'un dessin très-simple, quand le drain est perpendiculaire à la ligne de plus grande pente , et que le sol présente une déclivité très prononcée.

Terrains à couches de suintement. — Une autre observation moins générale que la précédente, mais cependant d'une application assez fréquente, indique qu'il convient de diriger les lignes de drains suivant la plus grande pente du terrain à assainir. Il existe, en effet, dans beaucoup de terrains, des veines plus perméables que l'ensemble de la terre, et qui, sans fournir de véritables sources, dénotent leur présence par de petits suintements; ces couches aquifères affleurent généralement la surface du sol suivant des lignes à peu près horizontales, elles changent son aspect, et lui donnent souvent les plus mauvaises qualités.

Or il arrivera nécessairement que les drains perpendiculaires à la ligne de plus grande pente, quel que soit d'ailleurs le soin apporté dans le choix de leur emplacement, ou ne rencontreront pas, comme en *a* (fig. 2), cette ligne d'eau, qui viendra, dès lors, perdre le sol en *b*; ou bien, poussés à leur profondeur normale, comme en *c*, ne couperont qu'en partie la veine d'eau; et alors la plus grande partie de ce liquide passera sous le drain et viendra affleurer le sol en *d*, etc. Si, au contraire, on trace les drains parallèlement à la ligne de plus grande pente, comme on le voit de *e* en *f*, ils rencontrent toutes les veines d'eau à un niveau inférieur à celui des anciens affleurements', et recueilleront successivement leurs

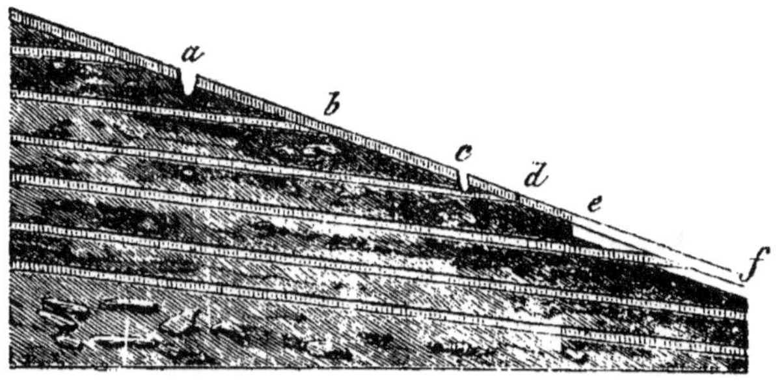

FIG. 2.
Terrain avec couches de suintement.

produits, pour les conduire vers le canal de décharge.

Tracé des petits drains. — On posera donc en principe qu'il faut diriger les petits drains suivant les
lignes de plus grande pente du terrain (1). Cette
règle est une limite dont il faut tendre à se
rapprocher le plus possible, mais elle ne saurait
évidemment être prise à la lettre et servilement
suivie. Il est clair, en effet, qu'on ne peut pas,
en pratique, se préoccuper des moindres inégalités
du sol et suivre, avec une rigueur mathématique,
les lignes de plus grande pente, presque toujours

____

(1) Voir la note 3.

sinueuses et irrégulières. On veut dire seulement qu'il convient de tracer les petits drains, à moins que des motifs très-graves n'obligent à agir autrement, suivant les lignes droites les plus rapprochées possible de la direction moyenne et générale des lignes de plus grande pente de la partie du terrain que l'on considère.

Précisons davantage cette première indication gégérale ; les petits drains peuvent se tracer d'une manière très-simple qui ne présente quelques difficultés que dans certains cas particuliers. Cette méthode consiste à décomposer le champ à drainer en plusieurs parties planes, et à tracer parallèlement les uns aux autres, à la distance reconnue nécessaire, et suivant la ligne de plus grande pente de chacune de ces parties planes, les drains de dernier ordre. Quand la direction des billons coïncide avec celle que nous venons d'indiquer, il convient de profiter des dépressions du terrain pour y établir les tranchées ; on diminue ainsi un peu le cube des terrassements à exécuter : mais cette considération est très-secondaire et ne doit pas en faire négliger de plus importantes.

La reconnaissance exacte et rapide de ces parties planes est rendue extrêmement facile et rapide par l'examen des plans nivelés dont il a été parlé dans le chapitre précédent : il est évident, en effet, que les parties planes dans lesquelles doivent s'établir les groupes de petits drains sont celles où les hori-

zontales du terrain sont à peu près rectilignes et parallèles entre elles.

Drains principaux. — Les nivellements généraux
effectués sur le champ tout entier, et sur les fossés
et rigoles qui peuvent servir à l'écoulement de ses
eaux, feront connaître les points où l'on devra amener les branches des drains principaux.

Cette donnée, jointe à l'indication déjà obtenue
de la position et de la direction des groupes principaux de petits drains, permet de tracer, sans grande
difficulté, les directions des drains principaux ; ils
occupent ordinairement les thalwegs du terrain.

Regards. — Aux points d'intersection des drains
principaux des divers ordres, il est convenable de
placer des regards, qui permettent d'observer facilement la manière dont l'écoulement a lieu dans les
différents groupes de drains.

Longueur des drains. — Les drains de dernier ordre, de 0^m,050 à 0^m,055 de diamètre, ne doivent pas
avoir, en général, plus de 250 à 550 mètres de longueur, et même moins si leur pente est très-faible,
quand leur écartement n'excède pas les chiffres ordinairement adoptés.

Cette limite, parfaitement vérifiée par la pratique,
quand il ne s'agit pas, bien entendu, de terrains traversés par des eaux de source, s'accorde avec les

indications du calcul, en admettant qu'il suffit qu'un drain puisse débarrasser le sol, en vingt-quatre heures, d'une couche d'eau de $0^m,01$ tombée sur l'étendue de terrain qu'il doit assainir (1).

Bouches des drains. — Les petits drains débouchent dans les drains principaux ou sous-principaux, et non directement dans le canal de décharge; il y a pour cela plusieurs raisons : les mauvaises herbes, les impuretés de toute sorte et les animaux peuvent obstruer facilement quelques-unes des bouches des drains. Il convient donc de réduire ces ouvertures à un petit nombre, plus facile à entretenir et à surveiller.

Raccordement des drains. — Les drains principaux sont établis à $0^m,04$ ou $0^m,05$ plus bas que les drains dont ils reçoivent les eaux; ceux-ci doivent se raccorder à angle aigu avec les premiers, dans le sens de l'écoulement. Il convient d'éviter la rencontre de deux lignes de drains vis-à-vis l'une de l'autre dans le même drain principal.

La rencontre des petits drains et des maîtres-drains doit avoir lieu, comme on vient de le dire, sous un angle aigu; mais il ne faut pas qu'il soit trop aigu, parce qu'alors on allonge inutilement la

---

(1) Voir la note 4.

longueur des drains à ouvrir, en les rapprochant le long des collecteurs. Un angle de 60° est celui dont il faut chercher à se rapprocher ; il réduit autant que possible la longueur des drains, tout en assurant aux filets liquides un écoulement suffisamment facile. La rencontre sous un angle droit est cependant encore acceptable ; mais, dans aucun cas, on ne doit tracer les drains de telle sorte que les filets liquides se dirigent en sens contraire.

Si, dans un cas tout exceptionnel, la disposition des lieux obligeait à donner aux petits drains une pareille direction, on infléchirait par une courbe leurs extrémités, de manière à leur faire rencontrer le collecteur sous un angle aigu dans le sens de l'écoulement.

Il est nécessaire d'établir un drain principal, de $0^m,04$ à $0^m,06$ de diamètre, pour recevoir le produit des petits drains de 2 ou 4 hectares, sauf à réunir plusieurs de ces drains principaux dans un maître drain, qui fait alors fonction de conduite et mène les eaux dans le canal de décharge.

Bouches. — On garnit d'ailleurs l'extrémité des maîtres drains, au point où ils débouchent dans les ruisseaux ou canaux de décharge, d'une petite grille en fer qui s'oppose à l'introduction des rats d'eau, ou des mauvaises herbes que la malveillance pourrait y enfoncer. Cette grille en fer et la petite maçonnerie dans laquelle on l'engage forment ce qu'on appelle une *bouche*. On doit éviter, autant que possible, de multiplier ces bouches, pour en faciliter la surveillance, et parce que l'eau, y conservant toujours plus de force, enlève bien plus facilement les obstacles qui pourraient s'y réunir.

Courbes. — On a dit ci-dessus qu'il fallait tracer les drains en ligne droite. C'est dans les courbes, en effet, que se produisent le plus facilement les dérangements et les obstructions, mais il est clair que l'on ne peut pas toujours observer cette règle dans le tracé des collecteurs. On doit alors employer des courbes de 5 à 6 mètres de rayon au moins, et augmenter un peu la pente dans ces parties du tracé. Si la disposition des lieux ne permet pas de tracer une courbe aussi allongée, il est convenable de la remplacer par un regard.

Tracés exceptionnels. — Les petits drains sont, en général, tracés par groupes de lignes parallèles; mais, dans quelques cas particuliers, on peut avec avantage les disposer en éventail. Ainsi, par exemple, si le haut d'une pièce est plus sec que le bas, et qu'elle présente en même temps une forme concave, on peut très-bien écarter davantage les drains à la partie supérieure du champ qu'à sa partie inférieure; toutefois, il convient d'être très-réservé dans l'emploi de ces tracés exceptionnels, qui peuvent conduire à des mécomptes sérieux dans les mains de personnes peu exercées.

Drains de ceinture. — Outre les drains de dernier ordre tracés par groupes de lignes parallèles, suivant la plus grande pente générale du terrain, il existe souvent dans les pièces de terre de petits drains isolés dirigés tout autrement par rapport à la pente ; ce sont les *drains de ceinture.*

Ces drains suivent, en général, le périmètre des parties drainées ; leur fonction est d'arrêter les eaux provenant d'infiltrations supérieures. Ils se placent surtout dans les parties hautes des pièces de terre dominées par des terrains plus élevés, d'où l'on peut craindre de voir arriver des eaux abondantes.

Les drains de ceinture ne doivent pas avoir de trop grandes longueurs ; il convient, en général, de les faire communiquer tous les 40 ou 50 mètres, au plus, avec un drain ordinaire. Les petits drains compris entre ceux qui reçoivent les eaux du drain de ceinture s'arrêtent à une distance de celui-ci égale, à peu près, à la moitié de leur écartement.

Obstructions par les racines. — Les racines des bois tendres, et même de quelques bois durs, tendent à s'introduire dans les drains ; elles y développent un chevelu abondant qui, en peu de temps, obstrue complétement les tuyaux de terre cuite. La présence des bois de cette espèce apporte souvent au drainage de très-grands obstacles ; on ne doit jamais placer de drains à moins de 15 ou 20 mètres d'arbres à bois blancs. Cette distance même est souvent insuffisante, et le plus sûr moyen, quand on ne peut pas déraciner les arbres, est d'avoir recours à un drain de défense empierré (1). (Voyez 2ᵉ partie, chap. V).

Exemples de drainage. — On ne multipliera pas davantage ces indications générales, nécessairement un peu vagues, puisqu'elles doivent varier dans leurs applications à chaque cas particulier. Quelques exemples feront mieux comprendre que de longues explications dans quel esprit on doit appliquer les règles précédentes, et dans quelles limites il faut s'astreindre à leur observation. On le répète, du reste, on ne trouvera ici que la solution de cas tout à fait ordinaires ; c'est à une étude attentive qu'il faut demander la solution des cas exceptionnels.

La figure 3 est le plan d'un champ de $4^h,4$ environ, présentant une inclinaison assez faible, dirigée dans le sens des petits drains, espacés à peu près de 9 mètres les uns des autres. Ces drains débouchent dans les maîtres drains *ab*, *be*, *cd*, qui communiquent en *b* et en *d* avec le canal de décharge.

---

(1) Voir la note 5.

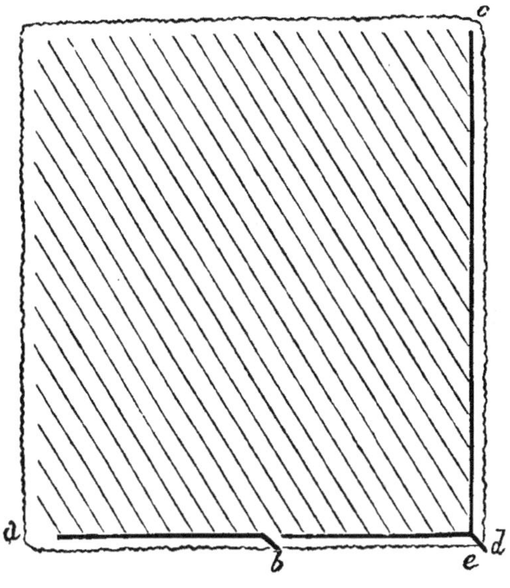

Fig. 3.

Exemple d'un champ drainé.

(Échelle de 0,00025.)

Le terrain du champ de la figure 4 présente deux inclinaisons différentes, parallèlement à chacune desquelles sont disposés les drains de dernier ordre.

Le maître drain abc communique en c avec le canal de décharge; il est établi, dans la partie ab de sa longueur, dans le pli de terrain formé par l'intersection des deux directions générales de la surface du sol.

Lorque la longueur d'un champ à drainer, dans le sens de sa pente générale, est supérieure à la longueur qu'il convient de donner aux files de drains

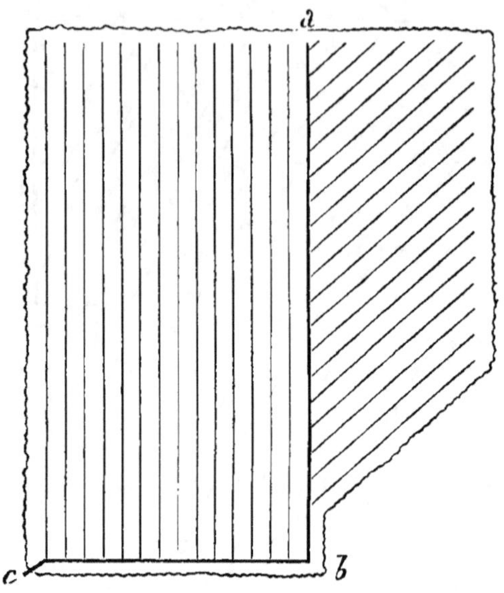

FIG. 4.

Exemple d'un champ drainé.

(Échelle de 0,00025.)

de dernier ordre, on peut adopter la disposition indiquée fig. 5, et que l'on rencontre assez souvent.
Les gros traits, dans cette figure comme dans les
précédentes et les suivantes, indiquent la position des
maîtres drains, et les lignes fines les files de tuyaux
de dernier ordre : les bouches des maîtres drains,
dans le canal de décharge, sont établies en a et b.

La figure 6 n'exige aucune explication, après ce
qui précède. Les drains de dernier ordre sont toujours parallèles, ou à peu près, aux lignes de plus
grande pente des portions de terrain qu'ils assai

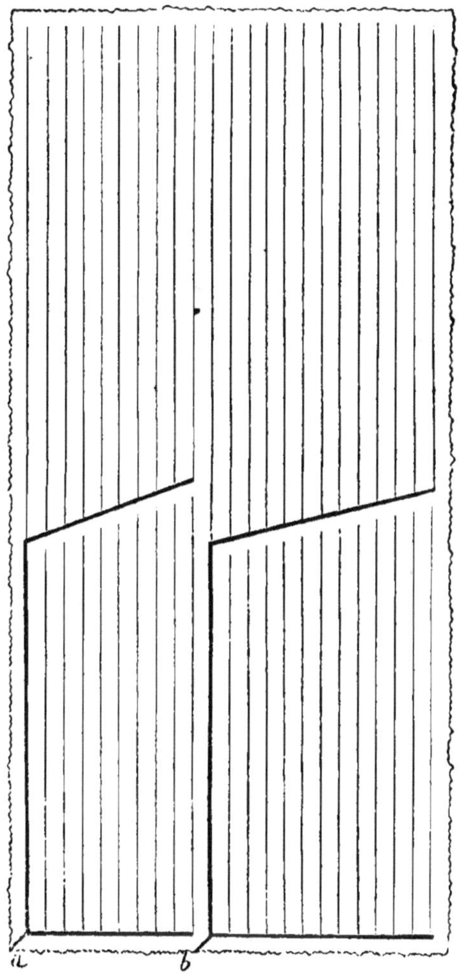

Fig. 5.

Exemple d'un champ drainé.

(Échelle de 0,00025.)

nisssent, ou perpendiculaires aux horizontales du

3.

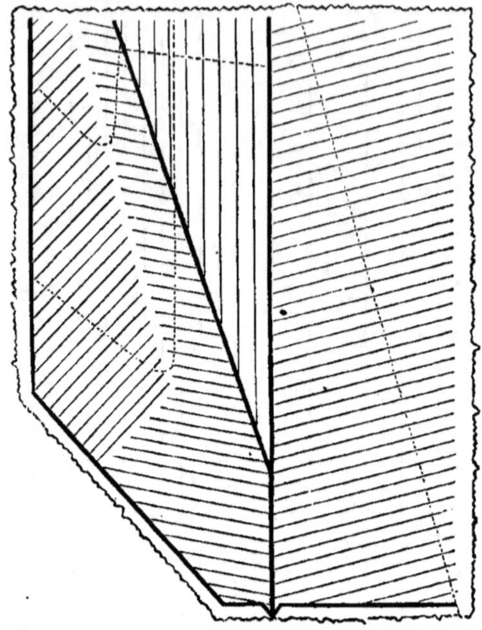

FIG. 6.

Exemple d'un champ drainé.
(Échelle de 0,00025.)

terrain, figurées par des lignes pointillées dans cette figure.

La figure 7 est le plan de l'une des pièces de la ferme de Crèvecœur, département du Nord ; son étendue considérable, et la forme accidentée de sa surface, bien indiquée par les courbes de niveau tracées sur la figure, expliquent la disposition un peu compliquée du réseau d'assainissement de ce terrain. Les croissants placés à l'extrémité des drains indiquent la position des bouches. Les regards placés à

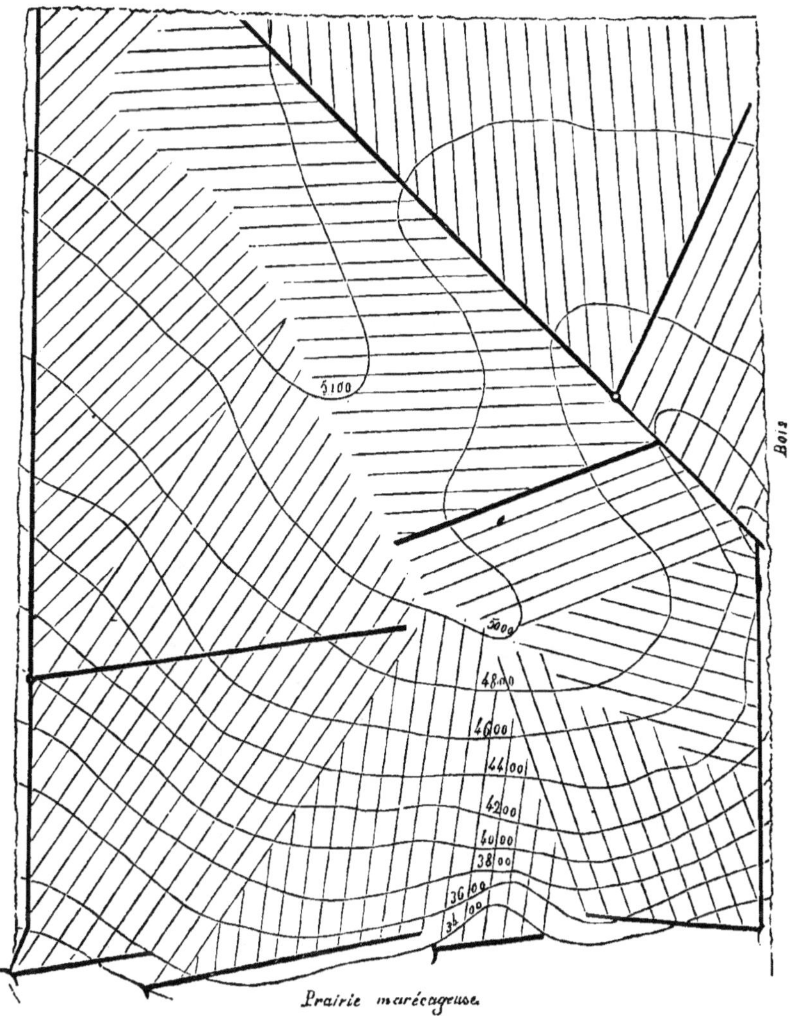

Fig. 7.

Plan d'une pièce drainée dépendant de la ferme de Crèvecœur.
(Échelle de 0,00025.)

l'intersection des drains collecteurs sont figurés par
un petit rond. Enfin, les chiffres inscrits auprès des

courbes de niveau expriment leur hauteur au-dessus du plan général de nivellement de toute la ferme. Ces courbes de niveau ont été levées de mètre en mètre; mais, pour simplifier la figure, on en a supprimé près de la moitié dans le croquis ci-dessus.

La figure 8 offre un autre exemple de drainage

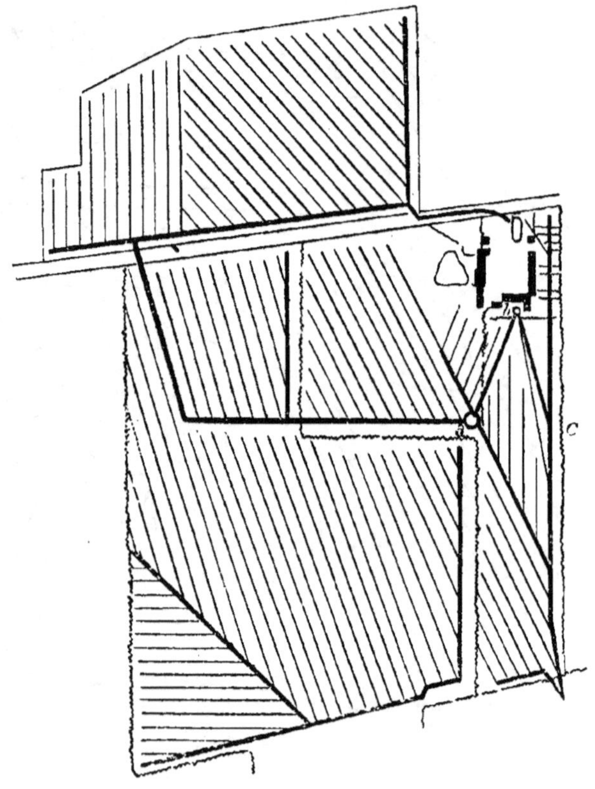

FIG. 8.

Drainage d'une partie de la ferme de Crèvecœur.

(Échelle de 0,00017.)

emprunté à la même ferme que le précédent. L'eau

de drainage d'une partie du terrain situé au-dessus du chemin alimente l'abreuvoir de la cour de la ferme; le puits *b* de la ferme est également alimenté par l'eau de drainage conduite par le tuyau *ab*; l'eau en excès sort par le tuyau *bc*, qui sert de trop-plein. Un regard placé en *a* permettrait, au besoin, d'empêcher les eaux de se rendre dans le puits *b* et les dirigerait en ligne droite vers le drain général d'écoulement.

Les dispositions générales du drainage de l'ancien étang de Chevrier (département du Cher) sont représentées par la figure 9.

Les eaux recueillies par les lignes de drains sont amenées dans le canal principal de décharge, qui traverse cette pièce sur une longueur de 1,200 mètres environ. Les points marqués de croix $+$ indiquent l'emplacement de *drainages verticaux* (1re partie, chap. VI).

Une partie des eaux de source étaient incrustantes et ont nécessité la construction de regards d'une forme particulière.

Les lignes ponctuées... sont des drains de défense contre les racines des peupliers qui bordent l'ancienne digue de l'étang.

Ce terrain, de 60 hectares environ, est presque horizontal : la pente d'une partie des drains n'excède pas 0^m,002 par mètre, et n'a pu être obtenue qu'en augmentant leur profondeur de l'origine à l'extrémité.

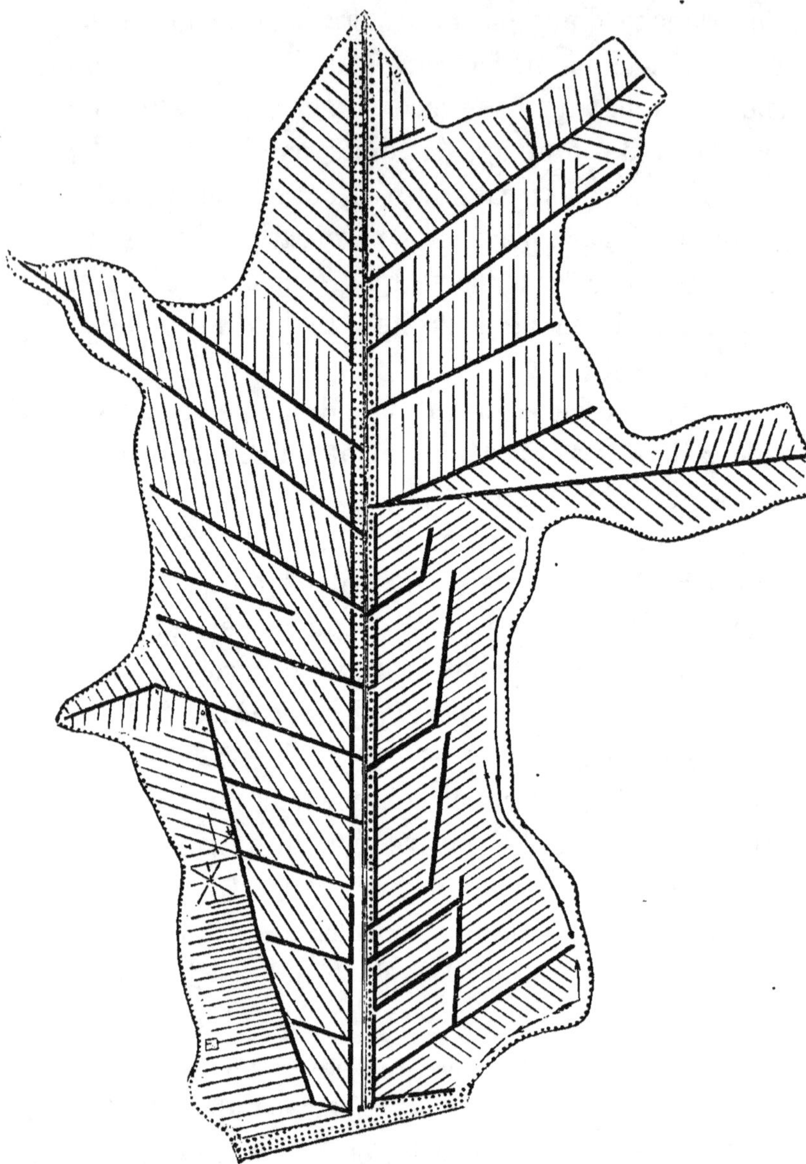

Fig. 9.

Plan du drainage de l'étang de Chevrier,

(Échelle de 0,0001.)

La figure 10, page suivante, peut donner une idée du projet général de drainage du camp de Satory, près de Versailles, d'une superficie de 157 hectares environ, dont 10 hectares ont été déjà drainés avec succès.

Les eaux sont reçues dans l'aqueduc de Trappes, qui longe le côté droit de la figure.

La petitesse de l'échelle a rendu nécessaire, dans le dessin, la suppression d'une partie des petits drains et des courbes de niveau, ainsi que plusieurs détails intéressants, sans lesquels il serait impossible d'étudier et de discuter sérieusement ce projet important.

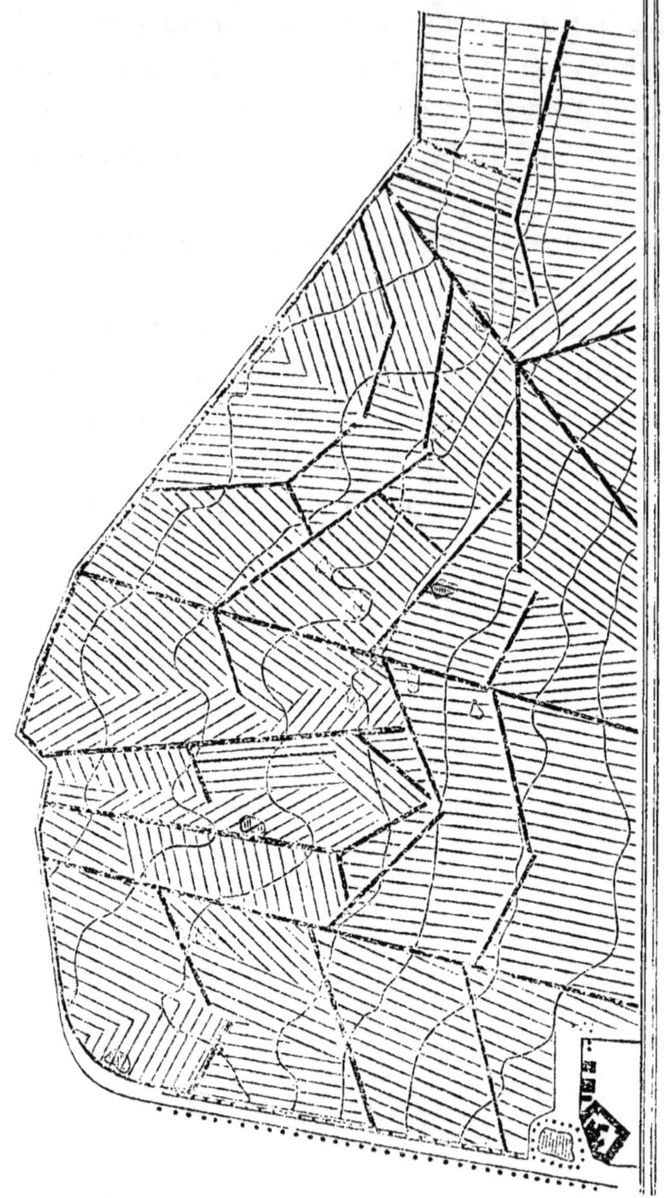

FIG. 10.

Plan du drainage du camp de Satory.
(Échelle de 0,000066.)

CHAPITRE III.

Difficultés de la question. — La profondeur et l'écartement des drains sont deux quantités corrélatives l'une de l'autre, qui dépendent de la nature du sol et d'une foule de circonstances dont l'appréciation est fort délicate, et encore, il faut bien le dire, un peu incertaine. On se bornera donc à indiquer ici les règles consacrées par l'expérience pour les cas ordinaires de la pratique.

Profondeur normale. — La profondeur la plus convenable à donner aux drains pour qu'ils enlèvent toute l'eau surabondante, et abaissent en même temps assez le plan de l'eau stagnante pour qu'elle ne puisse pas remonter jusqu'aux racines, ou même à la surface du sol, par l'action de la capillarité, est comprise entre $0^m,90$ et $1^m,50$; elle suffit, dans les cas ordinaires, pour atteindre ce double but.

En principe, on adopte pour les petits drains une profondeur de $1^m,20$; mais il doit être bien entendu que cette règle, comme les précédentes, n'est pas absolue. Il ne faut point, évidemment, vouloir l'appliquer au centimètre près, et tenir compte des petites inégalités du terrain, en faisant suivre exactement au fond de la tranchée une ligne parallèle à toutes les ondulations de la surface. On verra, au contraire (chap. IV), que la pente du drain doit être uniforme, ce qui implique nécessairement, en général, des profondeurs un peu variables. La profondeur de $1^m,20$ est donc une moyenne dans la longueur de chaque drain, dont il convient de s'écarter le moins possible, et dont, en effet, on ne s'écarte pas sensiblement dans les terrains réguliers et égalisés par une longue culture.

Profondeur des collecteurs. — Les maîtres drains sont de quelques centimètres plus profonds que les petits drains; cette différence de profondeur est égale à la différence de diamètre des tuyaux employés, de manière que les arêtes supérieures de tous les tuyaux soient, à leur point de réunion, dans un même plan.

Profondeurs exceptionnelles. — La disposition des lieux oblige quelquefois à augmenter beaucoup la profondeur de certains drains, pour franchir une partie haute et atteindre les points d'écoulement. Une étude très-attentive permet presque toujours d'éluder ces difficultés exceptionnelles, mais cependant elles ne doivent pas arrêter quand elles se présentent. On peut, dans ces circonstances, avoir à placer des drains collecteurs à une profondeur qui atteint 2^m,50 et même 3 mètres. A moins de travaux très-importants par l'étendue de la surface à laquelle ils s'étendent, on ne doit pas dépasser cette profondeur. Quand on est obligé de le faire, il convient de recourir à l'expérience d'un constructeur de profession ; les précautions à prendre pour la fouille et l'établissement du conduit ne sont plus alors de la compétence des ouvriers draineurs ordinaires.

Il arrive plus souvent encore que l'on est obligé de réduire la profondeur des drains, par suite du défaut d'abaissement des eaux dans le canal de décharge. Dans ce cas, il faut, par tous les moyens, chercher à abaisser le plan d'eau et s'efforcer d'appliquer à la plus faible surface possible de la pièce les profondeurs réduites.

Dans les terrains à peu près horizontaux, on ne peut donner aux drains la pente nécessaire qu'en faisant décroître leur profondeur de l'aval vers l'amont. On se trouve encore conduit, dans ce cas, à faire descendre la profondeur à l'origine des drains au-dessous du chiffre de 1^m,20 ; par contre, on l'augmente un peu à la partie inférieure, si l'écoulement est facile.

Terrains spéciaux. — Certaines circonstances particulières, qu'il convient maintenant d'examiner, peuvent encore conduire à l'adoption d'une profondeur différente de celle qui vient d'être indiquée comme la profondeur normale d'un drainage bien fait.

Quand on opère dans un sol poreux, avec sous-sol saturé d'eau parce qu'il repose sur une couche imperméable, il faut, autant que possible, pousser la tranchée à une profondeur suffisante pour poser le tuyau sur la couche imperméable elle-même. Dans les sols très-poreux, en effet, il est démontré que l'action d'un drain s'étend d'autant plus loin que sa profondeur est plus considérable; le plus grand écartement des lignes de drains compense alors l'accroissement de dépense résultant de leur plus grande profondeur.

Il arrive fréquemment, dans les sols argileux, qu'il existe, à une certaine distance de la surface, une couche aquifère composée de matériaux très-poreux. Si cette couche n'est pas à plus de $1^m,50$ ou $1^m,80$ de la surface, elle pourra devenir un excellent auxiliaire du drainage. En poussant, en effet, jusqu'à cette couche un moindre nombre de drains que cela ne serait nécessaire en général, cette couche formera un vaste déchargeoir des eaux de toute la surface.

Dans le drainage des tourbières peu profondes, il faut toujours pousser les canaux jusqu'au terrain solide, car la tourbe forme une très-mauvaise fondation pour les tuyaux de drainage.

Dans les tourbières, il faut, de plus, avoir toujours le soin de poser les drains plus profondément qu'on ne veut les établir d'une manière définitive, parce que les terrains de cette espèce éprouvent, par la dessiccation, un tassement considérable, qui va souvent jusqu'à 1/5 ou 1/6 de leur épaisseur primitive.

Tranchées d'essai. — Du reste, avant d'entreprendre une opération de drainage, on doit toujours ouvrir, dans chaque champ, une ou deux *tranchées d'essai*, poussées à des profondeurs successivement croissantes jusqu'à 2 mètres au moins.

On étudie attentivement ces tranchées pendant quelque temps, afin de se rendre compte de la stratification du sol,. de la manière dont l'eau se réunit dans chaque partie, etc. Pour rendre les observations faciles, il convient de les faire de très-grand matin, avant que la chaleur du jour ait fait évaporer l'eau des surfaces. Il convient aussi, pendant la durée de cette expérience, de couvrir avec des paillassons ou des fagots une partie de l'ouverture de la tranchée, pour empêcher une dessiccation trop rapide. L'étude attentive des tranchées permet facilement de reconnaître, quand elles existent, les veines poreuses dans lesquelles l'eau se rassemble plus abondamment.

Quand on peut laisser la tranchée ouverte pendant un hiver, on constate facilement, au printemps ou au commencement de l'été, l'existence des bancs absolument imperméables. Dans ces points, la terre n'a point changé d'aspect ; on n'y aperçoit, même à la loupe, aucune fissure produite par le retrait de la matière. Ces terrains sont extrêmement rares; je n'en ai observé que dans quatre ou cinq circonstances. Mais, quand on les rencontre, il est bien évident qu'il ne faut pas placer au-dessous de ces couches les tuyaux de drainage, qui perdraient ainsi la plus plus grande partie de leur efficacité.

Sondages d'essai. — Lorsqu'on veut étudier en détail la constitution d'un sol à drainer, sans cependant multiplier outre mesure les tranchées et les trous d'essai, on se sert d'une petite sonde à main, dite sonde de Palissy, fig. 11.

Cette sonde pèse environ 4 kilogrammes; on la manœuvre à peu près comme une tarière. On l'enfonce de $0^m,40$ environ; on la retire pour examiner la nature du sol; puis on l'enfonce encore de $0^m,40$ environ, et l'on continue ainsi jusqu'à la profondeur de $1^m,80$, qu'elle atteint facilement. Avant de commencer chaque sondage, on tasse fortement le sol à la place où l'on doit opérer, pour que la terre se maintienne à l'entrée du trou. Si l'on rencontre une pierre ou un obstacle, on recommence le trou quelques centimètres plus loin. Chaque sondage emploie dix à quinze minutes.

Pour bien juger de la nature des échantillons que la sonde rapporte, et qui sont toujours un peu altérés, on doit faire une première opération tout auprès d'une tranchée, afin d'obtenir des termes précis de

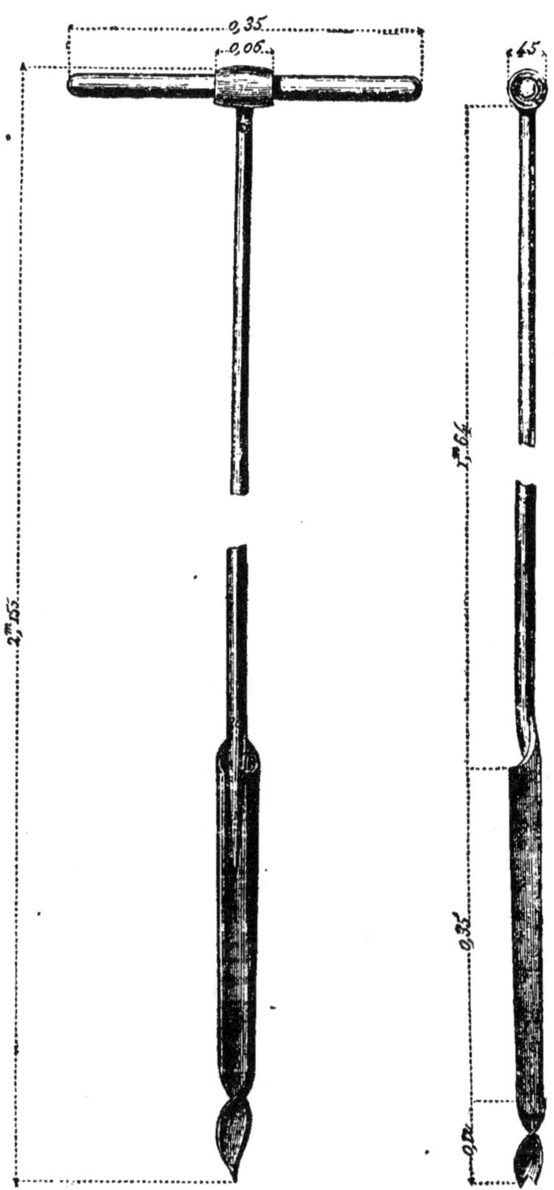

FIG. 11.
Sonde de Palissy.
(Échelle de 0,10)

comparaison. L'emploi de cette petite sonde exige une certaine habitude, et nous n'en recommandons l'usage que sous toutes réserves (1).

De ces différentes espèces d'observations, on conclut facilement, avec un peu d'habitude, la profondeur qu'il convient d'adopter d'une manière définitive, pour que les tranchées à ouvrir produisent le plus grand effet possible avec la moindre dépense relative.

Du reste, on répétera encore ici que toutes les fois qu'il se présentera quelque circonstance faisant supposer qu'il convient de s'écarter des dispositions normales, il faudra recourir aux ouvrages spéciaux sur la matière, celui-ci n'indiquant que les cas les plus ordinaires.

La détermination de la meilleure profondeur à donner aux drains est de beaucoup le point le plus difficile d'un projet de drainage, celui qui exige le plus d'expérience et de coup d'œil ; celui, par conséquent, qu'il est le moins facile de préciser par écrit. On réussit toujours, quand le travail est bien fait d'ailleurs, avec la profondeur normale de $1^m,20$; mais il est bien certain que l'on pourrait souvent réaliser des économies et atteindre le même but, surtout dans des terrains peu homogènes, par une étude détaillée de la stratification du sol. On ne saurait donc

---

(1) Voir la note 6.

assez recommander aux personnes qui veulent s'occuper de drainage, l'examen attentif, répété et minutieux, des tranchées d'essai et de tous les terrains
dans lesquels elles auront occasion de faire des
fouilles.

CHAPITRE IV.

Pentes limites. — On donne aux drains, en général, la pente même du terrain. La facilité avec laquelle l'eau s'écoule dans les tuyaux en poterie permet de leur donner une pente longitudinale beaucoup plus faible que celle qui est nécessaire aux drains empierrés. Une pente de 2 millimètres, et même de $0^m,001$ par mètre, suffit, à la rigueur, pour les files de tuyaux; elle ne doit pas être inférieure à 5 ou 6 millimètres dans les autres espèces de conduits.

D'un autre côté, il faut éviter de donner aux drains une pente assez considérable pour que la vitesse de l'eau puisse dégrader les matérianx employés à la construction des conduits.

Chutes. — Quand la pente du terrain est assez forte pour que cette circonstance se présente, on partage chaque conduite en une série de lignes à faible déclivité raccordées par des chutes. Dans cette circonstance et dans quelques autres, on est donc obligé de faire communiquer entre elles deux lignes de conduites à des niveaux différents. Le raccordement peut s'établir au moyen de tuyaux inclinés à 45°, et solidement fixés à leurs extrémités dans un petit massif en pierrailles ou en maçonnerie. Quand la différence de niveau à racheter est un peu forte, ou quand il s'agit de maîtres drains destinés à donner passage à un volume d'eau considérable, la méthode précédente n'offrirait peut-être pas assez de garanties. Le raccordement s'exécute alors en briques posées à redans, les unes sur les autres, et formant une sorte d'escalier. Pour de très-petits drains, on pourrait se borner à faire un puisard rempli de pierres cassées. Le conduit supérieur communiquerait avec le haut, et le conduit inférieur avec le bas de ce puisard. Ces diverses dispositions sont trop simples pour qu'il soit utile de leur consacrer des figures spéciales.

Distribution des pentes. — On doit, autant que possible, distribuer les pentes des drains de manière qu'elles augmentent toujours de l'amont vers l'aval. Il importe, en effet, que la vitesse de l'eau s'accélère constamment, ou, du moins, qu'elle n'éprouve pas de ralentissement dans son cours, pour que les matières solides entraînées accidentellement dans une partie du drain ne puissent aller se déposer un peu plus loin, et produire, à la longue, un obstacle à l'écoulement.

Cette condition doit toujours être remplie par les petits drains. Comme on l'a déjà fait remarquer (p. 54), le fond des tranchées ne se trouve donc pas parallèle aux ondulations de la surface du sol ; il présente une série de lignes droites tracées entre les points où se trouvent, s'il y en a, les changements de pente.

Il est quelquefois difficile, et même impossible, dans un drainage de quelque étendue, de distribuer suivant cette loi les pentes des drains principaux. Les pentes, en effet, se trouvent souvent réduites en se rapprochant du thalweg principal où les drains doivent décharger leurs eaux. Dans ce cas, il faut placer un regard de grande dimension au point où commencent les réductions de pentes; ce regard forme une sorte de bassin régulateur, où se déposeraient les matières entraînées. Il est bien entendu, d'ailleurs, que le diamètre des tuyaux doit augmenter, pour un même volume d'eau à écouler, quand la pente diminue, surtout si l'on est près de la limite de diamètre nécessaire à l'écoulement du volume d'eau à débiter.

Lorsque le terrain est horizontal, ou moins incliné que la pente nécessaire aux drains, ou même s'il présente une pente inverse, ce qui arrive quelquefois, de celle que doivent forcément avoir les drains pour assurer l'écoulement, on donne aux tranchées une profondeur variable, allant en décroissant de leur extrémité d'aval à leur partie supérieure. Ce même artifice peut être employé pour augmenter la pente des collecteurs. Mais on conçoit que les ressources que peut donner ce moyen sont assez bornées, par suite des limites étroites entre lesquelles sont renfermées les profondeurs admissibles. Il convient de ne recourir à ces moyens exceptionnels que le plus rarement possible, et c'est à l'étude très-attentive du relief du sol, facilitée par le plan nivelé, que l'on doit demander la solution la plus parfaite du problème de la distribution des pentes des drains.

CHAPITRE V.

ÉCARTEMENT DES DRAINS.

L'écartement varie avec la nature du sol. — L'é-
cartement des drains, comme leur profondeur, dépend d'une foule de circonstances locales qu'il
faut soigneusement étudier avant de prendre un
parti.

Parmi ces circonstances, l'une des plus importantes est la nature du sous-sol. Quant il est poreux,
ou qu'il repose sur une couche perméable dont
les drains puissent enlever les eaux, les tranchées peuvent être éloignées et profondes. Dans
le cas contraire, il convient de les rapprocher davantage.

Fendillement du sol par le drainage. — La porosité du sol, avant le drainage, n'est pas seule à
considérer ; certains sols se fendillent facilement par
l'action des travaux, et acquièrent une porosité artificielle qui peut remplacer la porosité naturelle.

Le climat exerce aussi une grande influence sur
les résultats d'une opération de drainage. Le fendillement du sol, qui lui donne la porosité artificielle dont il a besoin, est d'autant plus prononcé et
s'étend d'autant plus loin, toutes choses égales

d'ailleurs, que la température est plus élevée et le temps plus sec. Les effets d'un été, sur un sol drainé, seront bien plus sensibles dans le Midi que dans le Nord.

Les natures du sol sur lesquelles le drainage agit peut-être le moins sont certaines argiles mêlées de cailloux roulés. Elles n'éprouvent point ce retrait particulier qui donne aux argiles ordinaires leur porosité artificielle, et elles sont quelquefois si imperméables, qu'on les trouve sèches à quelques centimètres de profondeur quand la surface est en bouillie. Un défoncement profond doit toujours accompagner le drainage dans les sols de cette nature.

Le fendillement des masses argileuses a lieu de proche en proche, en s'éloignant du drain, par l'écoulement successif de l'eau et le desséchement progressif de la masse. La présence d'une source ou d'une couche aquifère, qui maintient le terrain, auprès du drain, dans un état permanent d'humidité, s'oppose quelquefois complétement à cette action, et paralyse ainsi tout l'effet que l'on pouvait espérer de l'exécution des travaux.

La largeur habituelle des planches de labour dans le pays où l'on opère influe, dans certaines limites, sur l'écartement des lignes de drains, surtout quand ils sont dirigés dans le sens même du labour. On s'arrange alors, autant que possible, pour que cet écartement soit égal à un nombre exact de fois la largeur des billons, et l'on profite, pour ouvrir les tranchées, de la dépression produite par le labour.

Du reste, dans les terres bien drainées, on abandonne presque toujours le labour en billons pour le labour à plat ou en planches. L'observation précédente n'a, d'ailleurs, qu'un intérêt fort secondaire.

Ce qui précède montre assez combien il est difficile d'indiquer par écrit des règles précises sur l'écartement à donner aux drains. Une grande habitude des terrains permet seule de le déterminer rapidement et presqu'à première vue, en observant les tranchées d'essai.

Des essais très-simples permettent heureusement de suppléer à ce que la théorie laisse à désirer sur cette question, et de remplacer l'expérience que peut seule donner, dans les travaux de cette espèce, une longue et intelligente pratique.

Limites d'écartement. — L'écartement des tranchées de drainage de $1^m,20$ de profondeur varie de 7 à 20 mètres. Il est rare que l'on atteigne ces deux limites extrêmes ; peu de sols, en effet, résistent à un drainage dans lequel l'écartement des drains est de 9 mètres. Je ne suis jamais allé plus loin. D'un autre côté, à moins qu'il ne s'agisse de terrains très-poreux et infestés de sources, quand l'écartement des drains dépasse 15 à 16 mètres, l'assainissement

du sol est rarement complet. Un écartement de 10 à
11 mètres convient à toutes les terres fortes du nord
de la France.

On s'abstiendra d'indiquer ici, comme l'ont fait
la plupart des auteurs, les écartements des drains
pour chaque nature de terrain. Les désignations
sol argileux, glaiseux, argilo-sableux, etc., que
l'on emploie ordinairement, sont si peu précises,
et ont des significations si différentes d'un pays à
l'autre et d'un observateur à l'autre, que l'on crain-
drait, en les énonçant, d'induire en erreur les personnes qui feraient usage des indications de cette
nature.

Détermination expérimentale de l'écartement. —
Voici, du reste, comment il faut procéder pour fixer
expérimentalement l'écartement des drains dans un
terrain donné :

On ouvre une tranchée TT, fig. 12, à la profondeur
que l'on veut donner au drainage; pour que cette
tranchée d'essai ne soit pas perdue, on la dirige de
manière qu'elle puisse faire partie, plus tard, du
drainage à effectuer, et on la prolonge assez pour
que l'eau puisse s'écouler. On creuse alors, à droite
et à gauche de cette tranchée, une série de trous
A, B, C, D, E, F, de 0^m,50 de côté environ et de
même profondeur que la tranchée. Ces trous, comme
l'indique la figure, sont disposés en échiquier, de
manière que leurs distances à cette tranchée soient,

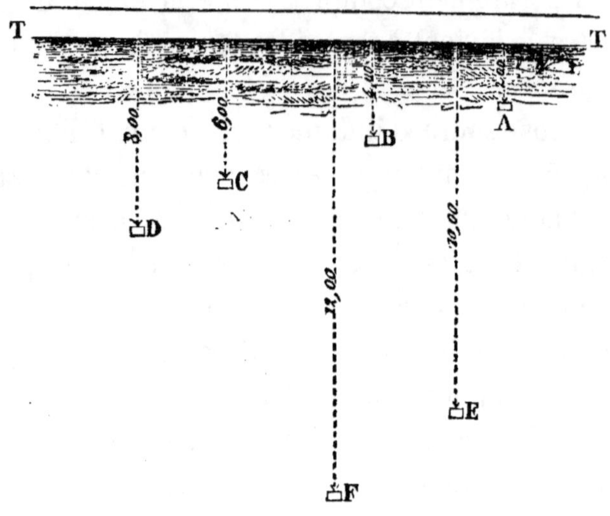

Fig. 12.

Détermination de l'écartement des tranchées.

par exemple, de 2, 4, 6, 8...., 12, 14 mètres. Leur distance les uns des autres doit excéder la moitié du plus grand écartement probable des tranchées, soit 10 à 12 mètres, pour qu'ils ne puissent pas agir les uns sur les autres. On recouvre ces trous de branchages et de paillassons, pour que l'évaporation ne soit pas trop forte. Si le terrain n'est pas assez imprégné d'eau pour que les trous se remplissent naturellement, on attend les pluies. Alors commencent les observations, qu'il faut prolonger plusieurs jours de suite et reprendre, si on a le temps, à deux ou trois époques différentes de l'année.

On note chaque jour, matin et soir, le niveau de l'eau dans les trous, et l'on ne tarde pas à reconnaître qu'il s'abaisse d'autant plus et d'autant plus rapidement, dans chaque trou, que ce trou est plus rapproché de la tranchée TT : de sorte que l'eau est plus élevée au-dessus du fond de cette tranchée en B qu'en A, en C qu'en B, en D qu'en C, et ainsi de suite, jusqu'à la distance où la tranchée ne fait plus sentir son action, et où le niveau de l'eau est le même dans deux trous voisins. Lorsque le niveau de l'eau paraît stationnaire, ou au moins quand il varie sensiblement de la même quantité d'une observation à l'autre dans tous les trous à la fois, on note la distance de la tranchée au dernier trou où le niveau s'est assez abaissé au-dessous de celui du liquide dans le trou suivant, et le double de cette distance donne l'écartement des drains.

On comprend qu'il faut nécessairement que le sol soit complétement imprégné d'eau pour que cette expérience soit concluante. Il convient aussi de la répéter, car il arrive souvent que le second essai indique un écartement supérieur à celui donné par une première observation.

La disposition des trous en échiquier est indispensable. Si on les disposait sur une même ligne perpendiculaire à la tranchée, ils réagiraient les uns sur les autres. Enfin, on doit préférer des trous faits à la pioche à des trous de sondages garnis de tubes en terre, peut-être plus faciles à faire, mais dont l'exécution modifie toujours assez la consistance du sol près de leur surface pour altérer les résultats.

On observera encore qu'il faut réduire l'écartement des drains quand on est obligé de diminuer leur profondeur. Ces deux quantités sont à peu près proportionnelles, toutes choses égales d'ailleurs.

Partage du travail en deux périodes. — Une dernière observation doit encore trouver place ici au sujet de l'écartement des tranchées.

Certains sols sont si profondément modifiés par le drainage, qu'ils acquièrent une porosité bien supérieure à celle indiquée par les essais précédemment décrits. Il est donc prudent, quand on opère sur un sol que l'on ne connaît pas bien, de donner aux petits drains un écartement précisément double de celui que l'on croit convenable : si, au bout d'un an ou deux, l'assainissement n'est pas suffisant, on complète le travail en intercalant un nouveau drain au milieu de l'intervalle des anciennes lignes. Sans avoir augmenté la dépense, on a ainsi couru la chance de la réduire beaucoup, dans le cas où le terrain se serait suffisamment assaini par le premier travail.

On en dira autant des drains de ceinture. Quand on le peut, on les ouvre d'abord et on ajourne à l'année suivante le reste du travail; leur effet est quelquefois si prononcé, qu'il est inutile d'aller plus loin.

Mais, dans les projets de drainage, on doit, dès l'abord, indiquer tout ce qui est nécessaire pour assurer un succès complet, afin d'édifier entièrement le propriétaire sur les sacrifices auxquels il s'engage, et d'éviter les reproches que ne manquerait pas d'attirer la nécessité de travaux complémentaires exécutés longtemps après les premiers.

CHAPITRE VI.

DRAINAGE DES SOURCES.

Origines des eaux. — L'eau en excès qui existe dans un terrain peut avoir deux origines différentes : elle provient de la pluie tombée à la surface de ce terrain, ou bien des sources de fond qui peuvent y exister.

Les chapitres précédents s'appliquent plutôt aux terres où l'eau de source ne joue qu'un rôle secondaire qu'à celles où les eaux de cette nature sont prépondérantes. Il reste à dire quelques mots de ce dernier cas, beaucoup moins fréquent que le premier.

Eaux de source. — Les sources, comme on sait, doivent leur origine à certaines dispositions de la croûte terrestre, qui permettent à l'eau tombée sur des sols poreux de s'écouler à travers les fissures naturelles du terrain, et de venir ensuite se faire jour à de plus ou moins grandes distances de leur point de départ. Les dispositions relatives des couches perméables et imperméables, qui donnent naissance aux sources et aux terrains mouillés ou marécageux qu'elles produisent, varient à l'infini.

C'est par une observation attentive et patiente de ce
genre de phénomènes que l'on peut arriver à la détermination des procédés d'assainissement les plus
appropriés à chaque cas particulier; mais il serait
impossible de poser des règles générales et absolues
à l'egard des méthodes à adopter pour combattre les
effets nuisibles des eaux de sources. Quelques exemples suffiront, cependant, pour faire comprendre
l'esprit de la méthode à suivre dans ces circonstances
spéciales, d'ailleurs assez rares, et, dès lors, beaucoup moins importantes à étudier que celles dont
nous nous sommes occupés jusqu'à présent.

Premier exemple. — Supposons, d'abord, qu'il
s'agisse d'assainir un terrain formé par un sol imperméable *a*, *a*, sous lequel, comme l'indique la
coupe (fig. 13), viennent s'engager les couches d'un
sol perméable *b*, *b*, recouvert d'une terre absorbante
c. L'eau tombée sur ce dernier terrain pénétrera
dans son intérieur, et viendra s'accumuler dans la
partie perméable de la masse, sous le sol imperméable, à travers lequel se feront jour, de place en
place, des sources permanentes *d*, qui transformeront
le terrain en marais sur une plus ou moins grande
étendue. Puis, quand ces sources ne pourront point
débiter toute l'eau qui arrivera dans le sol poreux,
le niveau s'élèvera et de fausses sources jailliront
dans les points *e*. Il pourra même arriver que, sous
l'action d'une forte pression, d'autres fausses sources

se fassent jour temporairement même au-dessous des sources permanentes.

Fig. 13.

Terrain pénétré par des sources.

La distinction entre les sources permanentes, qu'Elkington appelle maîtresses sources, et les sources temporaires, est excessivement importante

et doit être faite avec le plus grand soin. On conçoit,
en effet, que si l'on pousse une tranchée de drainage au sein même des sources permanentes, on
obtiendra tout le résultat désiré, tandis que l'on ferait
des dépenses presque inutiles si l'on ne pénétrait que
dans les sources passagères.

Cela posé, dans le cas actuel, le meilleur mode
d'assainissement consiste évidemment à tracer un
drain principal en f, à le mettre en communication
par un sondage ou un puits avec la couche perméable, et, enfin, à conduire, à l'aide d'une tranchée convenable, les eaux recueillies dans toute la
longueur de ce drain jusque dans la rigole g. Par ce
moyen, l'eau ne pouvant pas s'élever au delà du
niveau du conduit f, les sources temporaires e et
permanentes d seraient supprimées, aussi bien que
les sources passagères produites au-dessous de d par
des sous-pressions trop considérables.

Deuxième exemple. — Prenons pour second exemple le cas suivant : le fond des vallées, dans les
pays ondulés, est souvent formé de terre végétale
peu perméable, comprise entre deux collines de
sable placées elles-mêmes au-dessus d'une couche
imperméable, comme l'indique la coupe (fig. 14).
L'eau déborde alors aux points $a\ a$, et transforme en
marécage tout l'espace compris entre ces deux points.
En pareil cas, il suffit souvent d'ouvrir un drain
dans le thalweg, en b, et de le mettre en commu-

nication avec le sous-sol perméable. L'eau remonte, s'écoule par ce drain, et cesse de produire à la surface du sol les dégâts qu'elle y causait.

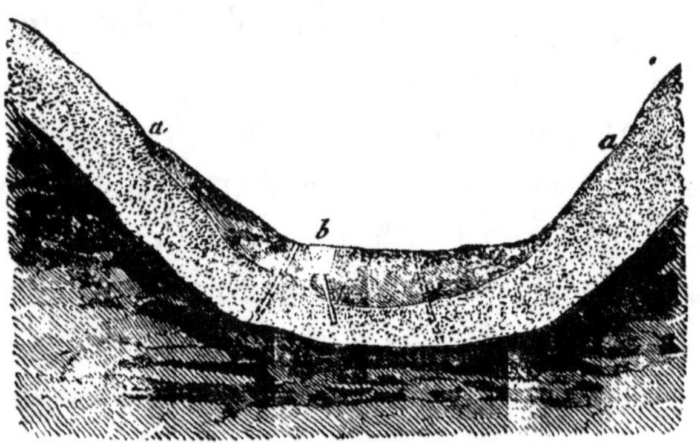

FIG. 14.

Vallée pénétrée par des sources.

Couche absorbante inférieure. — Dans les deux exemples précédents, l'eau remonte par les trous de sonde ou les puits qui mettent en communication le sous-sol perméable avec le drain. Mais il arrive aussi quelquefois que la couche imperméable, sur laquelle repose la veine aquifère elle-même, ne présente qu'une assez faible épaisseur, et qu'elle s'étend à son tour sur des bancs absorbants (1). Dans ce dernier cas, on peut donner une issue naturelle aux eaux nuisibles, sans avoir besoin de s'occuper de

____

(1) Voir la note 7.

l'établissement de canaux de décharge, en perçant, par un sondage ou un puits, cette seconde couche imperméable, et mettant ainsi la première couche aquifère en communication avec une couche absorbante (1).

Moyens d'exécution. — Les communications à ouvrir entre les drains et les parties poreuses s'exécutent par l'une des méthodes suivantes.

Quand la profondeur de la couche perméable au-dessous du sol à assainir n'excède pas 2 mètres ou 2^m,5o, il convient habituellement de pousser les drains jusqu'à cette profondeur, soit qu'on les rem-

---

(1) L'emploi de puits absorbants pour l'écoulement des eaux de drainage peut donner, dans certaines circonstances, des résultats avantageux. Un travail de cette nature a été accompli, il y a quelques années, à l'École impériale d'agriculture de la Saulsaie. Les eaux d'un champ formant cuvette, et soumis au drainage, sont complétement absorbées par un puits de 23 mètres de profondeur. Ce puits écoule, d'après de nombreux jaugeages, jusqu'à 30 litres d'eau par seconde, soit 2,592 mètres cubes par 24 heures.

Cet exemple, et plusieurs autres de même genre que l'on pourrait citer, montre les ressources offertes par les travaux de cette espèce. Mais la difficulté d'indiquer d'une manière précise les conditions du succès, et l'incertitude que présentent toujours ces opérations, ne permettent pas de s'arrêter à leur description dans un ouvrage consacré, comme celui-ci, à des règles de pratiques usuelles.

plisse de pierres, soit qu'on emploie des tuyaux en poterie : on rentre alors dans l'application des procédés ordinaires.

Lorsque la couche perméable se trouve, au-dessous du sol, à une profondeur telle qu'il serait impossible de l'atteindre sans une dépense trop considérable, on conseille d'ouvrir, de distance en distance et à côté du drain lui-même creusé à la profondeur habituelle, des puits ou des trous de sondage, que l'on pousse jusqu'à la rencontre de la couche aquifère.

Les puits dont il s'agit sont rectangulaires ou cylindriques, et d'une largeur seulement suffisante pour permettre à un ouvrier d'y travailler sans trop de gêne. On les remplit de pierres cassées jusqu'à quelques décimètres au-dessus du tuyau de terre qui sert de conduit. La figure 15 représente la coupe d'un puits semblable à celui que l'on vient de décrire, faite perpendiculairement à la direction du drain auquel il appartient.

FIG. 15.

Coupe d'un puits de drainage des sources.

Lorsque la profondeur du puits doit excéder 4 à 5 mètres, on le remplace par un simple forage placé à côté du drain même, comme le représente la figure 16.

Les trous de sondage s'exécutent ordinairement avec une petite sonde de o^m,o5 à o^m,o8 de diamètre, décrite dans tous les traités de sondage (1), et qui, d'ailleurs, se trouve aujourd'hui parmi les instruments mis à la disposition de presque tous les ingénieurs des services hydrauliques.

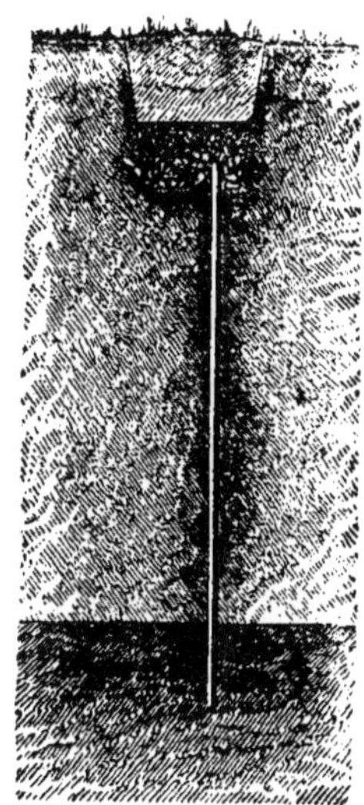

FIG. 16.

Trou de sondage
pour
le drainage des sources.

Drainage vertical. — J'emploie, pour le drainage des terrains bourbeux et criblés de sources, un procédé différent des précédents, désigné sous le nom de *drainage vertical.* L'économie qu'il procure, son succès dans des terrains complétement détrempés, où tout autre travail serait impossible, le rendent précieux dans un grand nombre de circonstances.

On ouvre, comme de coutume, une tranchée de drainage, et on la prolonge à travers les parties les plus bourbeuses du terrain. Si cela est nécessaire, on ouvre quelques autres tranchées partant du centre du terrain bourbeux, et prolongées en pattes d'oie jusqu'à une certaine distance de leur origine, comme l'indique la figure 17.

---

(1) Voir la note 6 déjà citée.

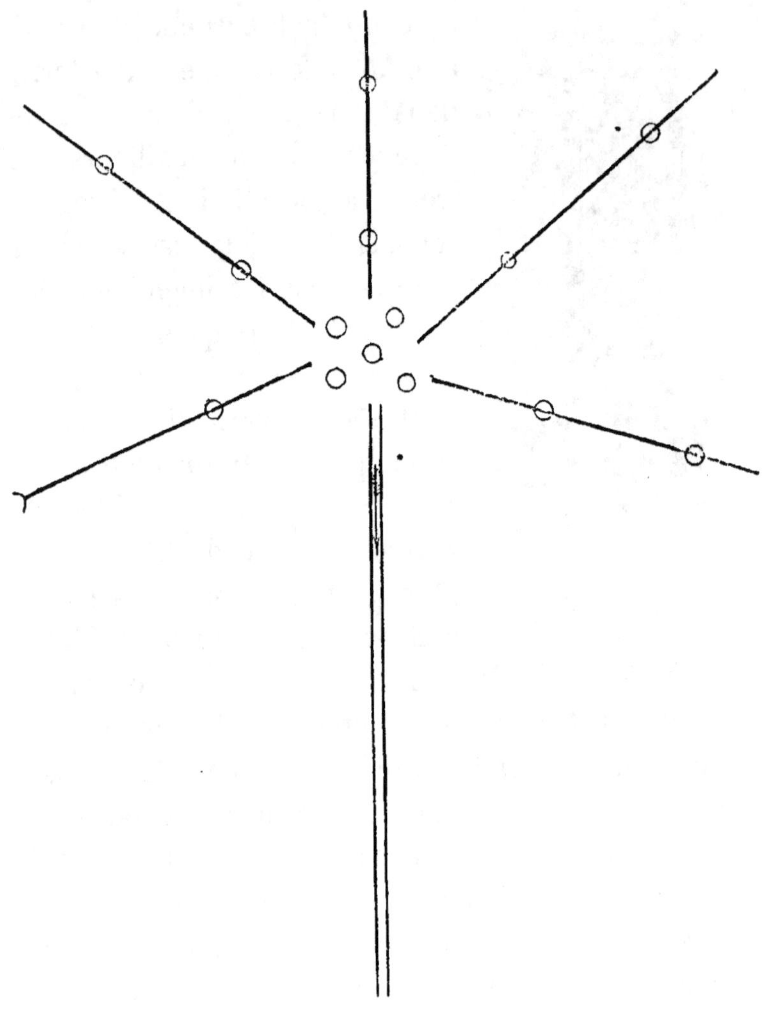

Fig. 17.

Plan d'un drainage vertical.

On prépare ensuite des tuyaux ordinaires, et on

FIG. 18.
Coupe d'un drainage vertical.

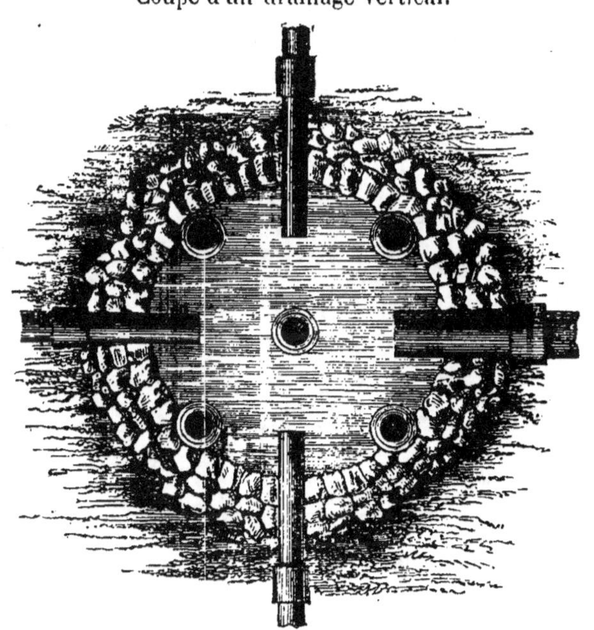

FIG. 19.
Plan du drainage vertical au niveau du tuyau d'écoulement.

les entre librement et à joints croisés (fig. 16 et 19) dans des tuyaux du numéro immédiatement supérieur, qui forment pour les premiers des manchons de même longueur qu'eux ; il suffit, pour cela, de commencer par un demi-tuyau. On a soin, comme le montre la figure, d'échancrer les tuyaux pour rendre facile l'introduction de l'eau extérieure dans l'intérieur de ces tuyaux.

On fait passer dans la file de tuyaux ainsi préparés une tige de fer rond de 0^m,015 à 0^m,025 de diamètre; ou bien, suivant les cas, une tige de bois, d'un diamètre inférieur de 5 à 6 millimètres à celui des tuyaux.

On enfonce l'extrémité inférieure de cette tige de bois ou de fer dans un cône en bois dur (fig. 20), ferré à la pointe si le terrain est résistant. Cette espèce de sabot a 0^m,01 de diamètre de plus environ que celui du tuyau extérieur. Il n'est que très-légèrement réuni à la tige cylindrique, pour que l'on puisse séparer ces deux pieces l'une de l'autre sans éprouver une forte résistance, en le tirant en sens opposé.

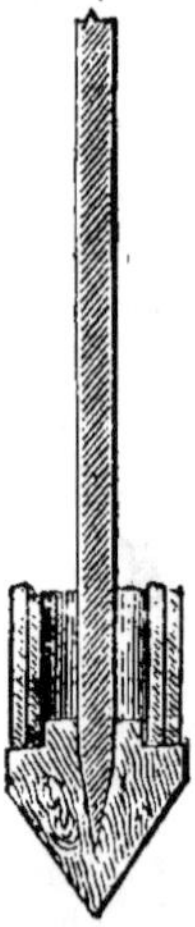

Les choses ainsi disposées, on enfonce verticalement, au fond des tranchées ouvertes à l'avance, les tuyaux précédés du sabot. Si le terrain est très-bourbeux, comme celui de certains prés à bouillons, la colonne s'enfonce, pour ainsi dire, par l'action seule de son poids.

Fig. 20.
Enfoncage des drains verticaux.

Si le terrain est plus résistant, on la fait descendre en frappant sur le sommet de la tige de bois ou de fer dont on a parlé. Dans le cas où le terrain serait plus dur encore, et où l'on ne pourrait faire descendre la colonne de tuyaux par ce moyen, on préparerait leur emplacement avec un petit pieu en bois dur saboté en fer à la pointe, et fretté à sa tête comme un pilotis, que l'on enfoncerait à la masse ou avec un petit mouton; et que l'on arracherait ensuite. Enfin, on aurait recours à la sonde dans les terrains où l'on rencontrerait de grosses pierres isolées ou des couches minces trop dures pour céder à l'action du pieu ferré.

Lorsque la colonne de tuyaux est mise en place, quelle que soit la méthode employée, on soulève la tige qui traverse les tuyaux; elle se sépare du sabot, qui reste sous la colonne de tubes, et peut être ramenée à l'extérieur, pour servir à d'autres opérations.

La tête des tuyaux ainsi placée est entourée de quelques pierres formant enrochement, et s'introduit, comme on le voit en A, figure 18, dans le tuyau horizontal du drain, percé à cet effet d'une ouverture circulaire, comme pour un raccordement ordinaire.

Quand l'abondance des eaux oblige à placer plusieurs tuyaux verticaux les uns à côté des autres (fig. 18 et 19) on peut les recouvrir, comme l'indique la figure 18, par une espèce de voûte en pierres sèches formant l'origine du drain de décharge.

La disposition des tranchées, en plan, varie né-cessairement avec la disposition des lieux ; mais il est bien rare que quelques tuyaux groupés au centre même du terrain bourbeux ne suffisent pas à son assainissement. Des tuyaux verticaux placés dans un drain à 8 ou 10 mètres les uns des autres enlèvent déjà un énorme volume d'eau.

Quand on a placé des tuyaux verticaux dans un terrain, il convient, avant de recouvrir le drain de décharge, d'attendre que le régime des eaux soit bien établi, afin de proportionner le diamètre, ou le mode de construction du drain, au volume d'eau à débiter.

La longueur des colonnes de tuyau dépend né-cessairement de la nature du sol où l'on opère. On les enfonce autant que le permet la résistance du terrain ; souvent on atteint des profondeurs de 4, 5 et 7 mètres et plus, qui, ajoutées à la profondeur de la tranchée, placent l'extrémité inférieure du tuyau à 8 ou 9 mètres au-dessous du sol. Chacun de ces tuyaux fonctionne, sur toute sa longueur, comme un drain ordinaire. On opère donc ainsi un drainage vertical d'une très-puissante action sur les eaux remontantes, ou sur les eaux descendantes, si l'on atteint une couche absorbante ; ce qui, du reste, arrive assez rarement.

Sans entrer dans de plus longs détails sur le drainage des sources, on voit que la méthode se réduit à fournir aux eaux de cette espèce un écoulement régulier et assuré, qui les empêche de sourdre en différents points du sol, de se répandre à sa surface et d'imprégner sa masse entière.

Le drainage des sources, comme on l'a déjà dit, se présente moins fréquemment que celui des eaux de pluie. Cependant les eaux de source entrent souvent pour une plus ou moins forte proportion dans la masse des eaux surabondantes d'un terrain, et il est peu d'opérations de drainage d'une certaine étendue où l'on ne rencontre pas l'occasion d'appliquer quelques-unes des méthodes précédentes : elles méritaient par conséquent d'être signalées.

Ce genre de travaux est, du reste, beaucoup plus délicat que le drainage ordinaire des surfaces; nous avons seulement voulu l'indiquer, mais nous devons conseiller aux personnes qui n'ont pas une grande expérience de ne l'entreprendre qu'avec une extrême réserve, et seulement après une étude très-attentive de la localité.

CHAPITRE VII.

On a donné, dans le chapitre II, pour la détermination du diamètre des tuyaux, une règle pratique suffisante pour les applications ordinaires. Bien que les difficultés que présente la détermination scientifique du diamètre des drains, dans chaque cas particulier, ne permettent pas de traiter ici cette question d'une manière complète, quelques mots sont encore nécessaires.

Limites des diamètres. — Il ne convient pas d'employer des tuyaux de moins de 0^m,030 de diamètre intérieur pour les petits drains. Le diamètre de 0^m,035 est le plus convenable. On a fait beaucoup de drainages avec des tuyaux de 0^m,025 de diamètre intérieur, et certaines personnes en recommandent encore l'usage; mais la légère économie qu'ils présentent, comme matière première et façon, est bien loin de compenser leur plus grande fragilité, le soin extrême que nécessite la pose, l'obligation de rapprocher les collecteurs, et, enfin, les dangers plus multipliés d'engorgement.

Les petits drains de 0^m,03 de diamètre, comme on l'a déjà dit, ne doivent pas avoir plus de 250 à

350 mètres de longueur, et même moins si leur pente est très-faible, dans les circonstances ordinaires d'écartement, d'humidité et de porosité du sol.

Un tuyau de $0^m,06$ à $0^m,07$ de diamètre intérieur peut, en général, recevoir les eaux de 2 à 3 hectares de terrain. On rappellera d'ailleurs que la section des tuyaux croît comme le carré de leur diamètre, c'est-à-dire qu'un tuyau d'un diamètre double a une section quadruple de celle du tuyau du premier diamètre; un tuyau d'un diamètre triple, une section neuf fois plus grande que celle d'un tuyau d'un diamètre trois fois moindre, et ainsi de suite. Le volume d'eau que peuvent débiter, à pente égale, les différents tuyaux croît même suivant une loi un peu plus rapide.

Fixation expérimentale des diamètres. — La règle précédente, toute grossière et empirique qu'elle est, est suffisante, on le répète, pour les besoins ordinaires de la pratique, l'expérience ne la mettant point en défaut. Mais elle ne saurait suffire, dans des opérations importantes, pour déterminer les diamètres des collecteurs, qui doivent alors être calculés de manière à suffire parfaitement à leur fonction sans, cependant, présenter un excès de diamètre, qui se traduirait par une augmentation inutile de dépense. Ce qu'il y a de mieux à faire alors consiste à laisser ouverte la tranchée du collecteur pendant un certain temps, à jauger l'eau qu'il débite, et à calculer ensuite, par les formules ordinaires d'hydraulique, le diamètre du tuyau nécessaire pour débiter ce volume d'eau avec la pente dont on dispose.

Cette expérience est assez longue, parce que le régime régulier du débit des drains, répondant à une hauteur d'eau de pluie tombée dans un temps donné, ne s'établit qu'après la modification que le drainage exerce sur le sol auquel on l'applique. La méthode précédente ne convient donc que dans les circonstances assez rares où l'on peut laisser sans inconvénients les travaux inachevés pendant longtemps. On est donc obligé, en général, de déterminer *à priori* le diamètre des collecteurs.

Fixation théorique des diamètres. — Les formules ordinaires d'hydraulique permettent de calculer assez approximativement le volume d'eau que peut débiter, dans un temps donné, un drain d'une pente et d'une section connues. La difficulté est donc de savoir quelle est la quantité d'eau de pluie qui peut tomber en vingt-quatre heures sur la terre à drainer, et quelle est la fraction de ce volume d'eau que le drain doit écouler. La première partie de cette question est facile à résoudre par des observations pluviométriques directes, ou en se servant des données recueillies dans quelques localités voisines. Il n'en est pas de même de la seconde, sur laquelle on ne possède encore que des renseignements isolés et insuffisants. Dans l'impossibilité d'obtenir une solution rigoureuse, on est forcé d'en accepter d'assez arbitraires. Dans beaucoup de cas, j'ai calculé le diamètre des drains de manière qu'ils puissent débiter en trente-six heures la moitié environ de la quantité d'eau versée, en vingt-quatre heures, sur la surface considérée, par les fortes pluies du pays.

Cette manière de procéder est, on le répète, assez arbitraire, et je l'indique plutôt comme un exemple de ce qui a été fait que comme une règle à suivre. Il est très-rare, du reste, que les questions de cette nature se présentent dans les opérations ordinaires, et nous ne pouvons évidemment, pour ces cas exceptionnels, que renvoyer aux traités spéciaux (1).

Cas des sources. —Ce qui précède s'applique seulement aux terrains qui ne souffrent que des eaux de pluies tombées à leur surface. Quant aux terrains traversés par des eaux de sources, il est absolument impossible de donner la moindre indication générale sur le volume d'eau à en extraire. Il faut le déterminer, dans chaque cas particulier, par l'observation directe des tranchées d'essai ouvertes dans le sol à assainir.

____

(1) Voir la note 4 déjà citée.

CHAPITRE VIII.

DE LA FORME DES PROJETS DE DRAINAGE.

Utilité et simplicité des projets réguliers. — Un projet complet de drainage, dans les conditions ordinaires, se compose d'un certain nombre de pièces dont il ne sera pas inutile d'indiquer les dispositions reconnues, par expérience, les plus simples et les plus commodes.

Quelques-unes de ces pièces ne sont nécessaires que dans les travaux d'une grande importance; d'autres sont de simples *formules*, où il ne reste que des *blancs* à remplir dans chaque cas particulier. Le travail d'expédition et de rédaction d'un projet de cette espèce est donc extrêmement simple, en général, et l'on n'hésitera plus à le rédiger régulièrement quand on saura combien il évite d'embarras et de fausses manœuvres pendant l'exécution des travaux.

Énumération des pièces. — Dans les cas les plus compliqués, ces projets peuvent se composer des pièces suivantes :

Plan d'ensemble. — 1° Plan d'ensemble de la propriété, ou des propriétés à améliorer, si elles sont d'une grande étendue et composées de plusieurs parties séparées, dont il est nécessaire d'indiquer les positions relatives.

Ce plan peut être à l'échelle de 1/10000, de 1/20000, ou même à une échelle moindre, s'il s'agit d'une très-grande étendue. Une copie des plans d'assemblage du cadastre suffit parfaitement pour son exécution. Les parcelles qui font l'objet du projet sont désignées par leurs numéros et entourées d'un liséré jaune.

Les faîtes sont indiqués par des lignes ponctuées, et la direction générale des pentes, dans les parties à drainer, par de petites flèches rouges de carmin. Les drains principaux sont tracés en rouge orangé (1), et les fossés ou cours d'eau ouverts en bleu.

Les cotes des points du terrain les plus essentiels à considérer, écrites à l'encre noire, et celles du niveau des eaux dans les canaux de décharge, écrites à l'encre bleue, complètent les renseignements que ce plan d'ensemble doit fournir.

S'il y avait lieu d'exécuter sur la propriété d'autres améliorations que le drainage, telles qu'irrigations, défoncements, marnages, etc., elles seraient indiquées par l'application d'une teinte conventionnelle sur les parcelles qui doivent recevoir ces améliorations.

------

(1) Dit rouge de Saturne, *red lead*.

Une légende détaillée doit être inscrite sur ce plan d'ensemble. Cette première pièce n'est utile que dans les projets qui s'étendent à une surface considérable, et dans lesquels il est nécessaire de faire bien comprendre le système général d'écoulement. Il est fort rare qu'elle soit nécessaire pour des domaines de moins de 100 à 150 hectares.

Plans de drainage. — 2° Plans de drainage proprement dits.[1]

Ces plans, comme on l'a déjà dit (chap. Ier), sont rapportés à l'échelle d'un millimètre par mètre ($0^m,001$). Ils indiquent tous les détails de la disposition des travaux. Chacun d'eux ne comprend qu'une pièce de terre, ou du moins une étendue de terrain assez faible pour occuper seulement une feuille d'un format facile à manier sur le terrain.

Les parcelles sont bordées, comme sur le plan d'ensemble, par un liséré jaune ; leur numéro et les lieux dits sont inscrits à l'encre de Chine. Les limites, les haies, barrières, chemins, et toutes les indications relatives à la forme et à la disposition des lieux, sont dessinés à l'encre de Chine. Les courbes de niveau sont tracées en lignes très-fines et à l'encre pâle. La hauteur de chacune de ces courbes est inscrite en noir, sur deux ou trois points de sa longueur. Les cotes des points remarquables qu'il a paru utile de recueillir sont écrites également en noir, et soulignées auprès du point indiquant leur position.

Le drainage et les écritures qui s'y rapportent sont tracés en rouge orangé.

Les drains formés avec les plus petits tuyaux sont indiqués par un trait fin, les drains garnis de tuyaux de la seconde dimension par deux traits, ceux de la troisième grosseur par trois traits, et ainsi de suite. Pour abréger le travail graphique, on se borne souvent à figurer les tuyaux par des traits de diverses grosseurs, mais alors, pour éviter toute confusion, il faut indiquer par un petit trait perpendiculaire au drain le point de changement de grosseur des tuyaux, et écrire en toutes lettres, près des drains autres que les plus petits, leur diamètre ou leur numéro de grosseur. Des flèches tracées sur le drain même indiquent le sens de la pente, toutes les fois que la disposition du plan ne l'indique pas assez nettement.

Un numéro d'ordre doit désigner chaque drain à son origine. L'écartement des drains est inscrit sur le plan, surtout quand il n'est pas le même, pour tous.

La profondeur des drains est indiquée par un chiffre entre parenthèses, placé au point où cette profondeur diffère de la profondeur normale portée au devis.

Les regards, les bouches et autres travaux accessoires sont indiqués dans la position qu'ils doivent occuper, par des signes conventionnels.

Les fossés à supprimer sont figurés par une ligne

bleue, ou un double trait lavé en bleu et haché de petites lignes rouges.

Les fossés ou cours d'eau creusés ou modifiés sont indiqués par une ligne rouge bordant le bleu. Les cours d'eau non modifiés sont peints en bleu, suivant l'usage.

Une légende très-détaillée et des explications aussi étendues que possible doivent compléter ce plan, qui se trouve seul, en général, entre les mains des surveillants sur le terrain.

Ce plan doit être dressé en double expédition dont un calque sur toile transparente est remis au surveillant des travaux.

Travaux accessoires. — 3° Dessins des bouches, regards, vannes, grilles, bornes, drains étanches, drainages verticaux, et autres travaux accessoires, profils en long, etc.

Les ouvrages ordinaires sont très-simples et toujours les mêmes. On n'a besoin d'exécuter ces divers dessins que pour les cas exceptionnels.

Il suffit donc d'avoir des types gravés des ouvrages courants, dont on joint un exemplaire à chaque projet, ou bien même d'en insérer des croquis dans les devis.

Devis. — 4° Le devis des travaux se réduit à une formule dans laquelle il suffit de remplir quelques blancs. La seconde partie de ce travail donne tous

les éléments nécessaires à la rédaction de cette
pièce.

Avant-métré. Détail estimatif. — 5° L'avant-métré
et le détail estimatif sont très-simples. On peut les
rédiger avec les formules imprimées admises pour
tous les travaux par l'administration. Cette formule
est, du reste, susceptible de simplifications faciles à
apercevoir dans le cas des travaux particuliers dont
il s'agit. Les longueurs des drains peuvent s'évaluer
avec une exactitude suffisante en les mesurant à
l'échelle sur le plan de drainage (pièce 2).

La dépense totale du drainage par hectare dépend,
à la fois, du prix de l'unité de longueur de drain et
du développement de l'ensemble des drains, c'est-à-
dire de leur écartement.

La table suivante peut faciliter les calculs des
avant-projets, en faisant connaître la longueur totale des drains et le nombre des tuyaux de différentes
longueurs nécessaires, en moyenne, au drainage
d'un hectare. Les résultats fournis par cette table ne
sont d'ailleurs exacts qu'autant que toutes les dimensions du terrain sont considérables par rapport
à l'écartement des drains. Pour les surfaces peu
étendues ou de forme irrégulière, il est nécessaire
de recourir, dans chaque cas particulier, à une mesure directe. Il en est évidemment de même lorsqu'il
s'agit de la rédaction d'un avant-métré régulier.

INTERVALLES entre LES DRAINS.	LONGUEUR TOTALE des drains par hectare.	NOMBRE CORRESPONDANT DES TUYAUX D'UNE LONGUEUR			
		de 0^m,30.	de 0^m,33.	de 0^m,36.	de 0^m,40.
m	m.				
5	2,000	6,667	6,061	5,556	5,000
6	1,667	5,557	5,052	4,631	4,168
7	1,429	4,764	4,331	3,970	3,573
8	1,250	4,167	3,788	3,473	3,125
9	1,111	3,704	3.367	3,087	2,778
10	1,000	3,334	3,031	2,778	2,500
11	909	3,030	2,755	2,525	2,273
12	833	2,777	2,525	2,314	2,083
13	769	2,564	2,331	2,137	1,923
14	714	2,380	2,164	1,984	1,785
15	667	2,224	2,021	1,853	1,668
16	625	2,084	1,894	1,737	1,563
17	588	1,960	1,782	1,634	1,470
18	556	1,854	1,685	1,545	1,390
19	526	1,754	1,594	1,462	1,315
20	500	1,667	1,515	1,389	1,250

Rapport. —6° Le rapport sur l'opération renferme une description sommaire des travaux ; il fait connaître la nature du sol, de la culture, les plantes sauvages qui s'y rencontrent le plus abondamment, son produit, etc.

On expose ensuite rapidement, en les justifiant, les dispositions des ouvrages proposés, et l'on termine en comparant, aussi approximativement que possible, la dépense au bénéfice probable de l'opération.

DEUXIÈME PARTIE.

CHAPITRE I.

PIQUETAGE DES TRAVAUX SUR LE TERRAIN.

Soins que nécessitent les travaux. — Lorsque l'étude du terrain à drainer a été faite de manière à permettre de dresser le projet des travaux, en suivant la marche tracée dans notre première partie, il ne reste plus qu'à s'occuper de leur exécution matérielle.

Ce travail est très-simple en lui-même ; mais il exige beaucoup de soins et d'attention, des ouvriers rompus, dès l'origine, à la pratique des bonnes méthodes, et des contre-maîtres exercés, consciencieux et dévoués.

Un bon surveillant draineur est encore difficile à trouver. Une très-grande part du succès des opérations lui revient légitimement, et l'on ne saurait assez sincèrement encourager et récompenser les services de chaque instant qu'il rend dans les travaux.

Les personnes qui ont déjà fait exécuter des drainages s'étonneront peut-être de quelques-unes de nos recommandations, et du soin minutieux que nous engageons à mettre dans chacune des opérations que nous décrivons. A ces observations, nous ne ferons qu'une réponse, c'est de prier les personnes qui auront fait autrement que nous l'indiquons d'essayer de suivre attentivement et à la lettre nos indications, et de vouloir bien se rendre sérieusement compte de l'amélioration obtenue, des fautes évitées, du temps gagné et de l'économie réalisée.

Quoi qu'il en soit, voici comment, après bien des essais, nous conseillons d'opérer :

Le plan de drainage arrêté est remis au contre-maître chargé des travaux. Sa première opération, qui doit précéder l'arrivée des ouvriers sur le terrain, est le piquetage du travail.

Jalonnage. — A l'aide des points de repère que présentent les clôtures, les arbres et les autres objets remarquables du champ, on retrouve facilement l'emplacement des drains tracés sur le plan, et l'on en fixe la position sur le sol, en s'aidant de la chaîne d'arpenteur pour les rattacher entre eux et aux repères. On trace d'abord l'axe, ou ligne-milieu des drains collecteurs, en plaçant des jalons à leurs extrémités et aux points où ils présentent des angles. On indique ensuite la position de l'axe des petits drains, en plaçant un jalon à chacune de leurs extrémités et un ou deux autres jalons dans l'intervalle des deux premiers.

Piquetage. — Les jalons indiquent la direction des lignes de drains, mais ils ne fourniraient aucun moyen de déterminer la profondeur des tranchées et de régulariser la pente des files de tuyaux. La facilité avec laquelle les jalons sont dérangés par le vent ou la malveillance obligerait, du reste, presque toujours à les remettre en place plusieurs fois pendant la durée du travail. Il est donc indispensable de compléter le tracé du drainage sur le terrain au moyen de points fixes, assez solides pour qu'on ne craigne pas de les voir déplacer pendant l'opération. Ce sont de forts piquets en bois, de $0^m,50$ environ de longueur, enfoncés dans le sol à coups de marteau et placés comme on va le dire.

On enfonce, en général, les piquets à $0^m,50$ en dehors de la ligne-milieu des tranchées indiquée par les jalons, pour qu'ils ne soient pas compris dans l'ouverture de la fouille. Pour éviter toute confusion, les piquets sont tous placés du même côté, sur la droite, par exemple, des tranchées, si les ouvriers doivent jeter la terre à gauche.

On met un piquet à chaque extrémité des drains, et l'on en place d'autres dans l'intervalle, de manière qu'ils soient, au plus, à 5o mètres les uns des autres. On doit d'ailleurs enfoncer un piquet à tous les points de changement de pente des drains, et à tous

6.

ceux où la profondeur est plus grande ou plus faible que la profondeur normale adoptée.

Les têtes des piquets sont rattachées, à l'aide du niveau, aux points de repère qui ont servi au nivellement du plan lui-même, et on les enfonce plus ou moins, de manière que les sommets de ces piquets soient tous à la même hauteur au-dessus du fond des tranchées. Cette hauteur est, en général, égale à la profondeur normale adoptée, augmentée de $0^m,10$ ou $0^m,20$.

La marche à suivre pour placer les piquets aux points convenables sera, du reste, mieux comprise après la lecture du chapitre suivant, où se trouve expliqué en détail leur principal usage.

En opérant comme on vient de le dire, les lignes droites passant pas le milieu des têtes des piquets sont parallèles au fond des tranchées et fournissent, comme on le verra, le moyen de le régler avec la précision la plus absolue. On s'assure d'ailleurs que la pente d'un piquet à l'autre, pente qui est la même que celle du drain lui-même, est suffisante; on obtient ainsi une vérification du nivellement fourni par le plan, et l'on rectifie au besoin, les erreurs qui auraient pu être commises dans la première opération.

Chaque piquet porte le numéro d'ordre assigné sur le plan au drain auquel il appartient. On évite ainsi toute incertitude, et l'on facilite singulièrement le règlement des attachements des ouvriers.

Quelques personnes indiquent sur le terrain, avant le commencement du travail, le tracé des drains par un sillon peu profond, exécuté avec une bêche ou une pioche légère. Cette opération préliminaire ne paraît pas utile ; elle ne fournit aucune indication de plus que les piquets et les jalons, et entraîne, sans profit, à une dépense assez notable.

La description du mode de piquetage que nous venons de décrire paraît assez compliquée, mais ce travail emploie moins de temps à exécuter qu'il n'en faut pour l'expliquer. Chaque piqueur peut, en quelques heures, préparer le travail des ateliers les plus nombreux. On ne saurait assez tenir la main à ce que l'on procède toujours comme on vient de le dire. On rend ainsi les erreurs tout à fait impossibles, et l'on simplifie tellement la vérification des tranchées et la pose des tuyaux, que l'on gagne en réalité beaucoup plus de temps, dans le cours de l'exécution, qu'il n'en a été employé au piquetage détaillé du drainage.

Après l'achèvement du piquetage, on peut s'occuper du transport des tuyaux sur place et de l'ouverture des tranchées, en opérant comme on va l'indiquer dans le chapitre suivant.

CHAPITRE II.

OUVERTURE DES TRANCHÉES.

Quel que soit le mode de remplissage ou de garniture d'un drain, l'ouverture de la tranchée est la première opération à entreprendre. Nous allons, avant tout, indiquer comment on l'exécute.

Formes des tranchées. — Les tranchées de drainage que l'on ouvre maintenant pour la pose des tuyaux en terre cuite ont, en général, comme on l'a déjà dit, de $0^m,90$ à $1^m,50$ de profondeur ; $0^m,30$ à $0^m,70$ de largeur au sommet et seulement $0^m,06$ à $0^m,07$ au fond, quand il s'agit de drains secondaires, et $0^m,10$ à $0^m,20$ pour les drains principaux.

Les figures 21, 22, 23, 24 et 25· donnent les profils exacts de tranchées de différentes dimensions relevés sur des travaux en cours d'exécution.

La largeur des tranchées n'a rien d'absolu ; elle dépend, en grande partie, de l'habitude et de l'adresse des ouvriers terrassiers qui les exécutent. Cependant, pour réduire autant que possible le cube des terres à remuer par mètre courant, et rendre la pose des tuyaux plus facile, plus régulière et plus solide, il convient de réduire cette largeur au strict nécessaire, et de tenir fortement la main à ce que

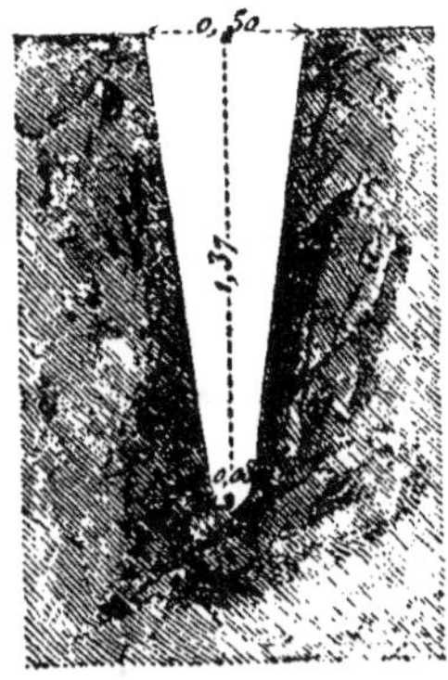

FIG. 21.

Tranchée de drainage.

(Échelle de 0,02.)

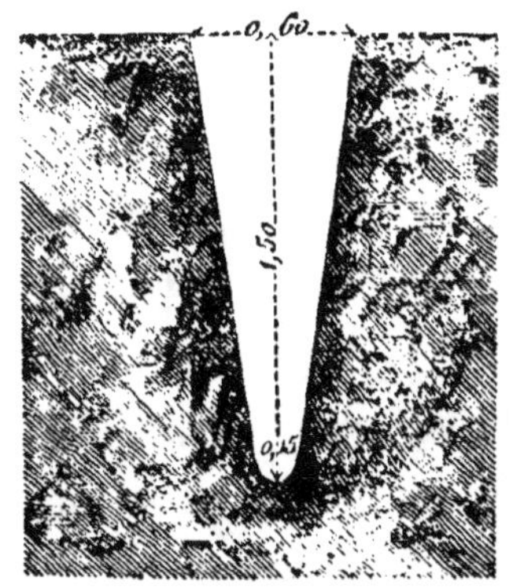

FIG. 22.

Tranchée de drainage.

(Échelle de 0,02.)

FIG. 23.

Tranchée de drainage.

(Échelle de 0,02.)

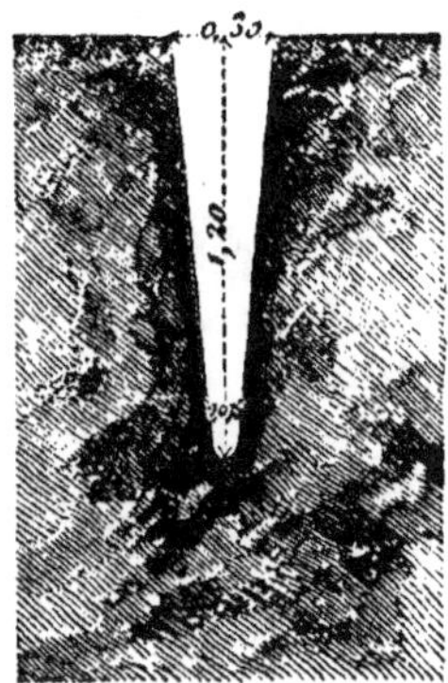

FIG. 24.

Tranchée de drainage.

(Échelle de 0,02.)

FIG. 25.

Tranchée de drainage.

(Échelle de 0,02.)

les ouvriers ne dépassent pas les dimensions prescrites; ce qu'ils tendent toujours à faire, jusqu'à ce
qu'ils aient acquis l'habitnde de ce genre de travail.

La largeur de la tranchée au sommet et l'inclinaison des talus sont calculées de manière que l'ouvrier
puisse descendre et se tenir facilement à o^m,6o ou
à o^m,8o au-dessus du fond, pour atteindre, de ce
point avec ses outils, à la profondeur adoptée.

Ouverture des tranchées. — L'ouverture des tranchées étroites dont il s'agit n'offre aucune difficulté
dans les terrains ne renfermant pas de corps assez
durs pour résister aux instruments ordinaires et,
cependant, assez compactes pour se maintenir sans
éboulement pendant quelques jours. En se guidant
sur les jalons et les piquets placés comme on l'a dit
dans le chapitre précédent, l'ouvrier fixe, avec un
cordeau de 20 à 25 mètres qu'il place successivement sur chaque arête, la largeur exacte de la tranchée à ouvrir.

Si le sol est gazonné, il trace cette largeur en suivant le cordeau, et en coupant le gazon au moyen
d'une lourde bêche, représentée par la figure 26.

Lorsque le sol est garni d'un gazon très-épais, ou
de nombreuses racines de bruyères ou autres, la
bêche dont on vient de parler peut être avantageusement remplacée par une espèce de hache, analogue
à celle employée dans les Vosges pour l'ouverture des
rigoles d'irrigations.

Enfin, si la surface offre un terrain de résistance
moyenne, ce tracé préliminaire peut s'exécuter avec
une bêche ordinaire ; il est toujours utile, mais

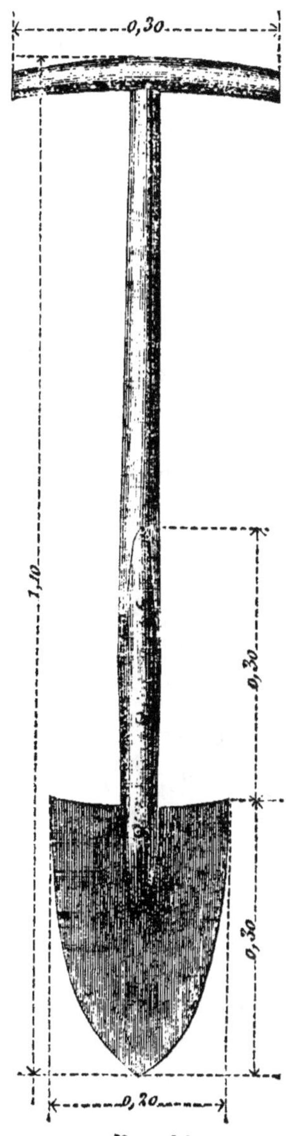

Fig. 26.
Bêche à couper le gazon.
(Échelle de 0,10.)

il n'est plus indispensable comme dans les cas précédents, et l'on peut procéder immédiatement au creusement de la tranchée.

On doit toujours commencer l'ouverture des tranchées de drains par leur partie inférieure, afin que les eaux que l'on pourra y rencontrer, ou celles provenant des pluies pendant la durée des travaux, puissent constamment s'écouler sans gêner ou interrompre les ouvriers.

Instruments. — Les instruments employés pour creuser les tranchées sont extrêmement simples, mais d'une forme particulière appropriée à leur destination spéciale, et qui varie, ainsi que la manière d'opérer, avec la résistance et la nature du terrain. Le cas le plus ordinaire est celui d'une terre compacte se laissant attaquer à la bêche ; nous l'examinerons en premier lieu.

Terre compacte ordinaire. —La nature du sol que l'on rencontre, l'importance des ouvrages à exécuter et les ressources dont on dispose peuvent modifier, jusqu'à un certain point, l'organisation des chantiers. Mais, en général, quand aucune circonstance particulière ne s'y oppose, on partage les ouvriers en brigades de trois hommes. Le premier trace la tranchée, enlève la couche de terre végétale, et la dépose sur l'un des côtés de la tranchée. Cette première levée de terre s'exécute avec une bêche ou un louchet ordinaire, ou bien avec l'une des bêches (fig. 27 ou 28), selon la largeur de la tranchée, qui doit être un multiple à peu près exact de la largeur de l'instrument.

On a figuré un manche à poignée dans la figure 27 et un manche à béquille dans la figure 28. Tous les ouvriers ne sont pas d'accord sur l'avantage de l'une ou de l'autre de ces dispositions. Cependant la poignée est très-généralement préférée, et nous recommandons de l'employer quand des habitudes locales trop invétérées ne s'y opposent pas absolument. C'est à tort, par conséquent, que l'on a figuré des poignées aux instruments suivants.

Dans les terrains à surface fortement gazonnée, on emploie quelquefois, pour la première levée de terre, une fourche à trois ou cinq dents, semblable à celle dont on se sert en Auvergne, mais plus légère. En pareille matière, il faut toujours tenir compte des habitudes des ouvriers que l'on emploie. La fourche peut, assurément, rendre de bons services dans

Vue de face.   Vue de côté.

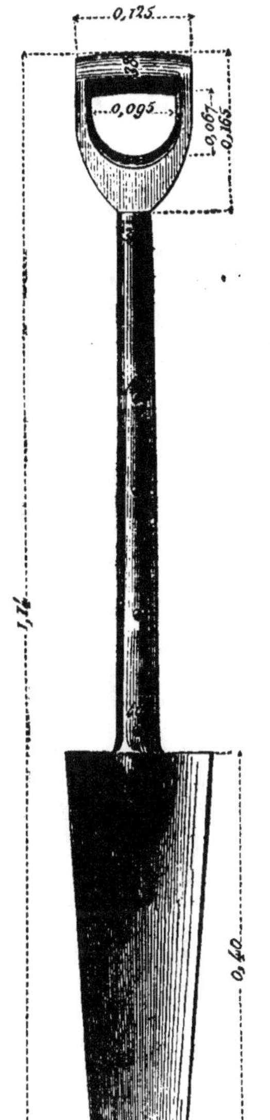

Coupe.

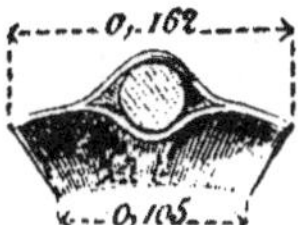

Fig. 27.

Bèche de drainage.
(Échelle de 0,10.)

7

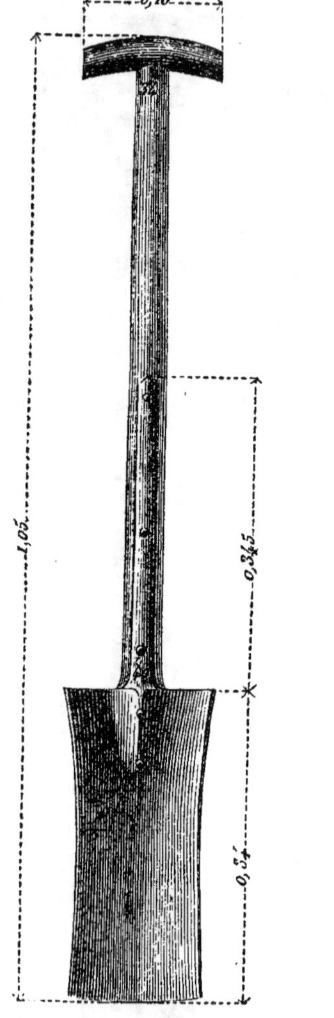

FIG. 28.

Bêche de drainage.

(Échelle de 0,10.)

des mains exercées à la manier ; mais il ne paraît
pas que ce soit un instrument à introduire dans les
pays où l'usage n'en est pas répandu pour les terrassements, même lorsqu'il s'agit de terres gazon-
nées.

Cette première levée de terre a 0^m,30 à 0^m,40 de
profondeur : on a soin de régulariser parfaitement
les faces latérales de la tranchée. Le fond doit aussi
présenter une assez grande régularité. Si la terre ne
se coupe pas en mottes bien régulières, ce qui arrive presque toujours à la surface, il faut enlever,
avec une pelle en fer ordinaire, toutes les parties de
terre égrenée qui salissent le fond de cette première
fouille, et gêneraient les travaux suivants.

L'ouvrier qui ouvre la tranchée doit commencer
le travail sur une longueur de 5 à 6 mètres seulement. Il procède immédiatement après au curage
du fond et au régalage des faces latérales, qui se
réduit à presque rien s'il est exercé au maniement
des outils, pour que le second ouvrier puisse toujours
le suivre à une assez petite distance.

Le second ouvrier emploie, pour approfondir la
tranchée d'une seconde prise de 0^m,40 environ de
profondeur, l'une des bêches creuses représentées
par les figures 29 ou 30, selon sa force ou la largeur
de la tranchée à ouvrir.

Ce second ouvrier doit, comme le premier, régulariser avec soin les faces latérales de la tranchée et
ne laisser au fond aucune partie de terre détachée.

Vue de face.   Vue de côté.   Vue de face.   Vue de côté.

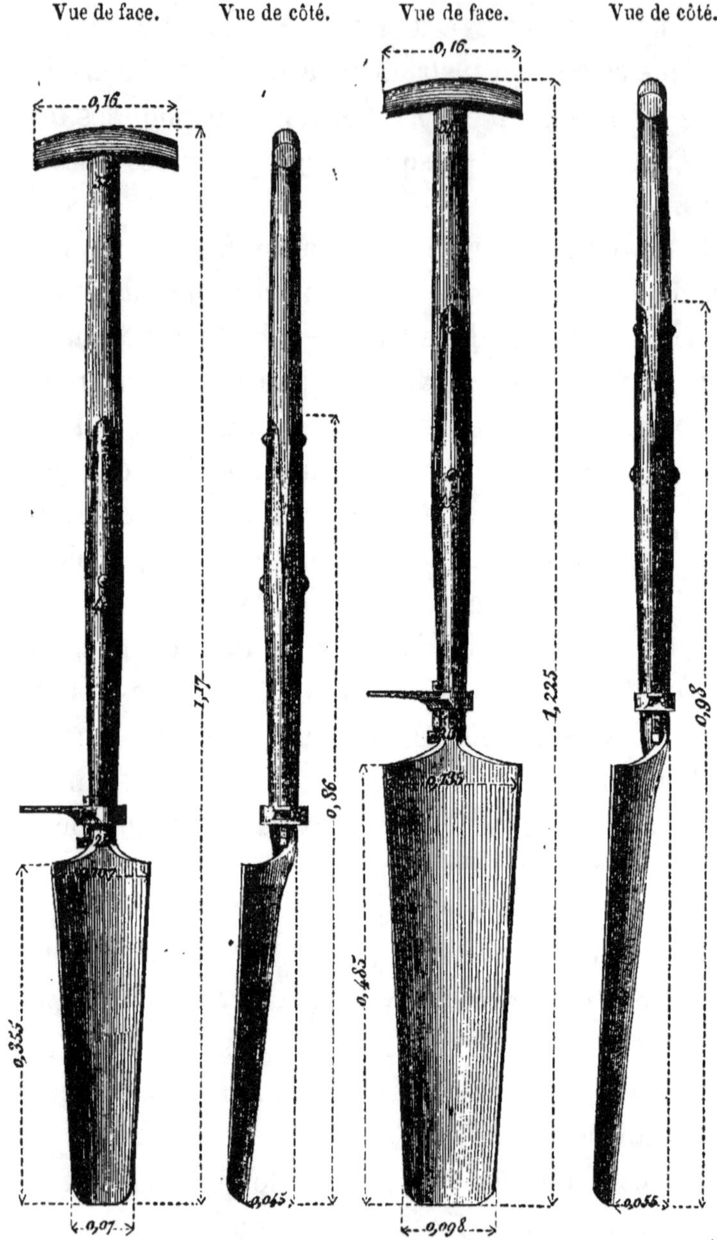

FIG. 29.
Bêche de drainage.
(Échelle de 0,10.)

FIG. 30.
Bêche de drainage.
(Échelle de 0,10.)

Lorsque la terre est de bonne consistance, qu'elle se coupe bien et présente assez de ténacité pour être détachée par mottes bien entières, il ne reste presque rien à enlever du fond de cette seconde prise de terre, et le curage s'exécute sans peine avec la bêche creuse elle-même. Mais quand la terre s'égrène et se casse facilement, et même quand les ouvriers n'ont pas encore une grande habitude du travail, il retombe au fond de la tranchée une assez grande quantité de matière, qu'il faut ôter avec un outil particulier, la pelle ordinaire ne pouvant opérer que très-difficilement, dans un espace aussi profond et aussi étroit que la tranchée, pendant cette seconde période du travail. On emploie avec avantage, pour ce curage, la drague plate (fig. 31). Il est bien entendu que cet instrument ne doit servir qu'à enlever les terres détachées par la bêche creuse et nullement à attaquer le sol. Au lieu de cette drague plate, on se sert souvent de la plus grande des dragues creuses (fig. 34 à 36) qui servent à l'achèvement de la tranchée; du reste, on doit tendre à restreindre l'emploi de ces instruments, qui sont d'autant moins nécessaires, toutes choses égales d'ailleurs, que l'ouvrier est plus soigneux et plus adroit. Ils sont tout à fait inutiles avec de bons draineurs dans les terrains glaiseux, et ne deviennent nécessaires que dans les terrains graveleux ou sans consistance.

Le troisième ouvrier, avec l'une des bêches re-

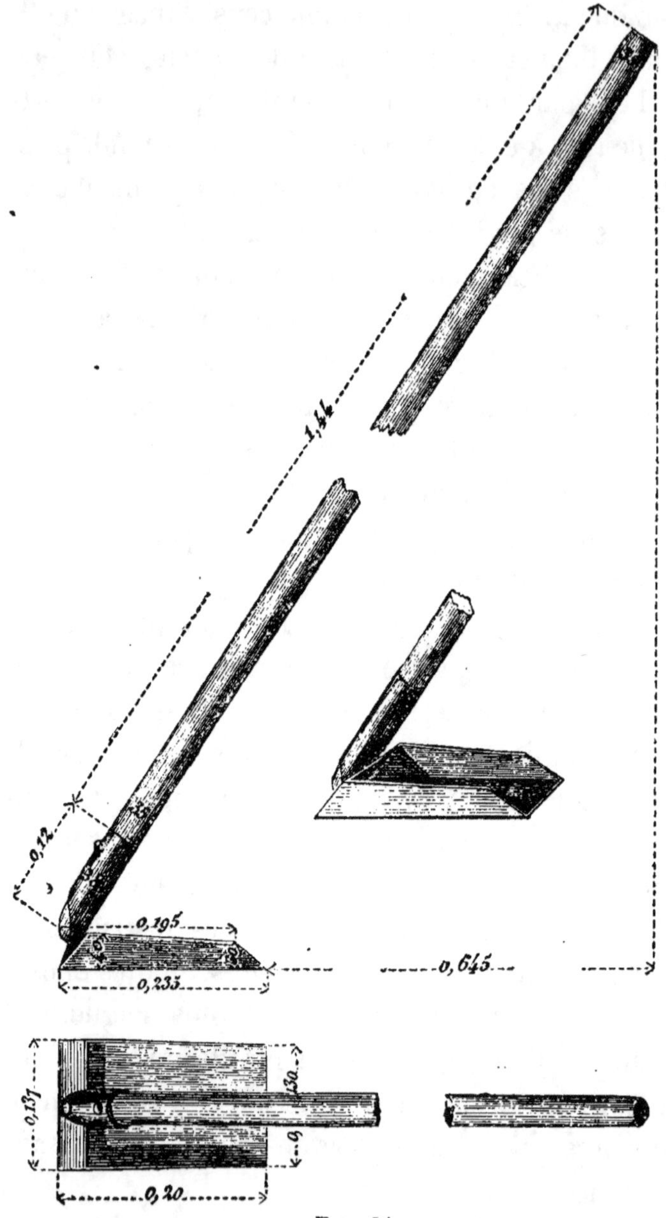

Fig. 31.
Drague plate pour curage.
(Échelle de 0,10.)

présentées par les figures 32 et 33, achève d'approfondir la tranchée. Ces dernières bêches ne diffèrent les unes des autres que par leurs dimensions, que l'on proportionne à la largeur du drain à ouvrir.

Pour terminer le fond de la tranchée et lui donner la régularité qu'il doit avoir, on se sert de l'une des écopes représentées par les figures 34, 35 ou 36, dont la largeur est sensiblement égale au diamètre des tuyaux que l'on emploie. Ces écopes sont manœuvrées du bord de la tranchée. On acquiert rapidement l'habitude de les manier ; elles sont bien préférables aux dragues figurées dans quelques ouvrages, et que l'on fait agir en poussant, comme une pelle ordinaire, au lieu de tirer, comme on le fait avec celles-ci (1).

Les figures indiquent assez le mode de construction des outils qui viennent d'être décrits pour qu'il ne soit pas nécessaire d'insister sur ce point. On dira seulement que les cotes inscrites sur les figures sont le résultat de mesures prises sur de bons modèles d'instruments, mais qu'elles n'ont cependant rien d'absolu ; et que chaque constructeur s'en écarte plus ou moins, selon le volume des tuyaux à employer.

---

(1) Voir la note 8.

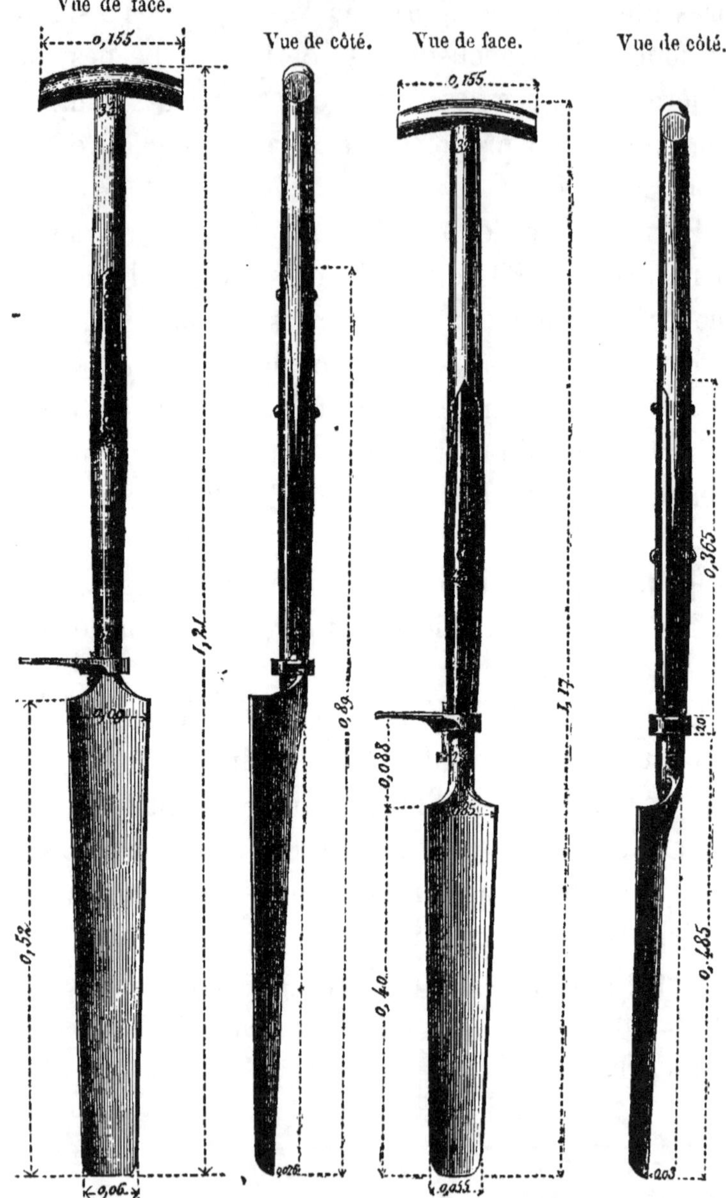

FIG. 32.
Bêche de drainage.
(Échelle de 0,10.)

FIG 33.
Bêche de drainage.
(Échelle de 0,10.)

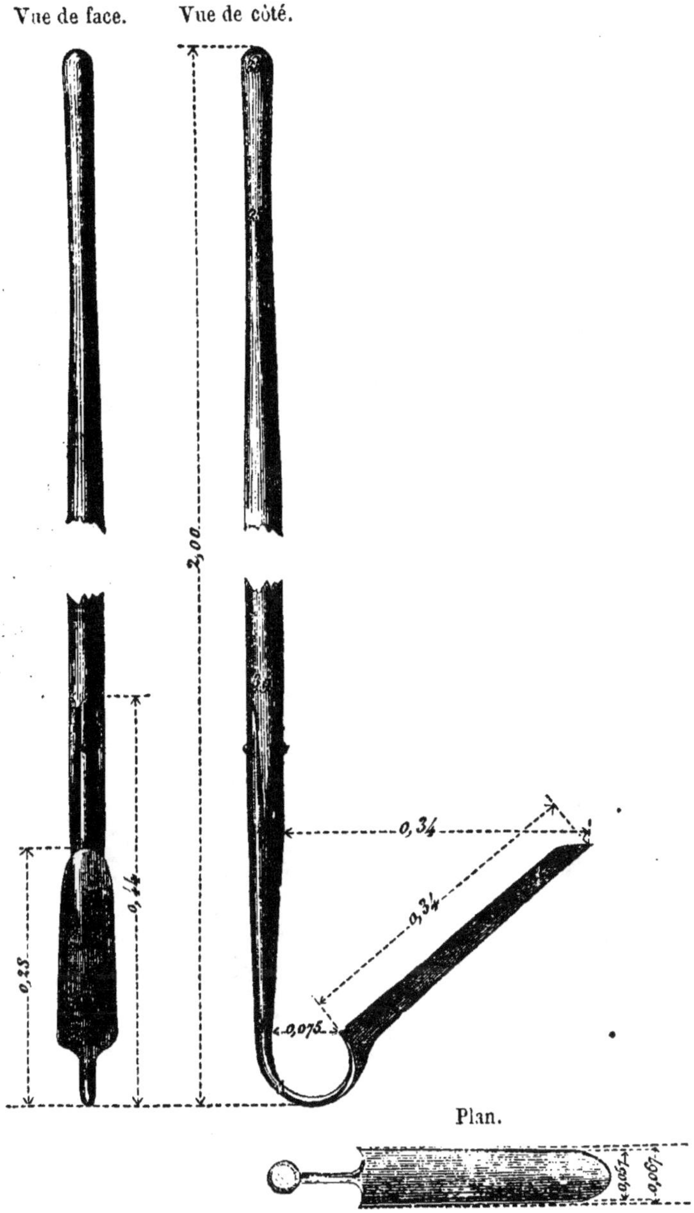

Vue de face. Vue de côté.

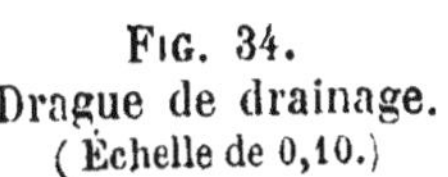

Plan.

FIG. 34.
Drague de drainage.
(Échelle de 0,10.)

7.

Vue de face.   Vue de côté.

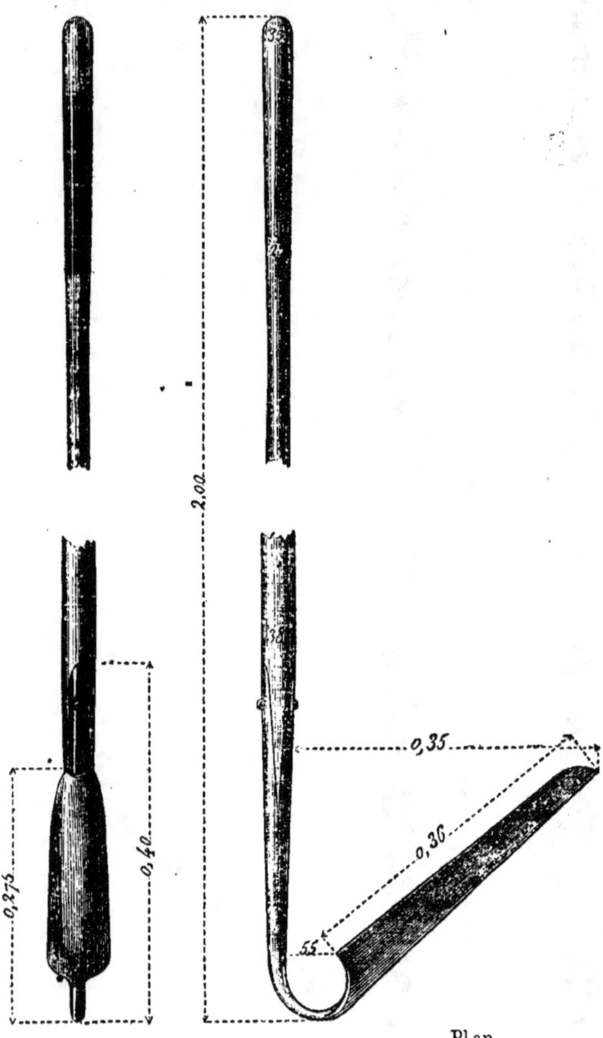

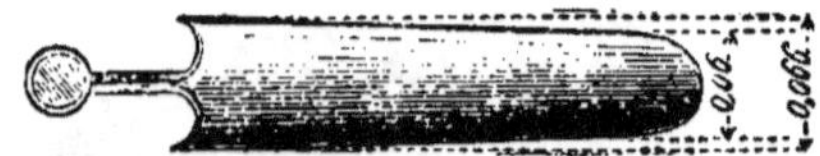

Fig. 35.

Drague de drainage.

Échelle de , 0.)

Vue de côté.   Vue de face.

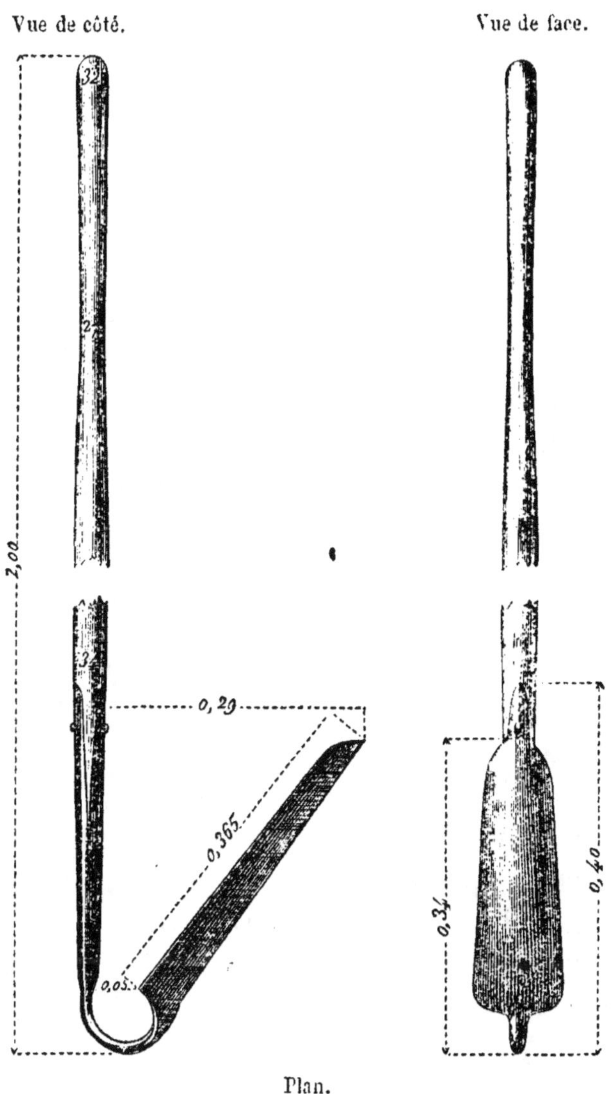

Plan.

FIG. 36.

Drague de drainage.
(Échelle de 0,10.)

Quelques personnes conseillent de terminer le fond de la tranchée en la frappant, pour le régulariser, avec une espèce de dame demi-cylindrique en fonte. Cet instrument est d'un assez mauvais usage et ne doit pas, en général, être employé par de bons ouvriers.

On a supposé, dans ce qui précède, que la brigade se composait de trois ouvriers, et que le drain était poussé à profondeur par trois levées de terre seulement. Cette méthode exige, pour donner de bons résultats, des ouvriers habiles et robustes, et un terrain de bonne consistance. Ordinairement, les brigades de trois ouvriers font quatre levées de terre. Le premier ouvrier, dans ce cas, trace la tranchée et fait la première levée ; le deuxième ouvrier fait les levées suivantes, et le troisième termine l'opération.

On peut aussi organiser les ateliers par brigades de cinq hommes, et alors on n'arrive à la profondeur normale de $1^m,20$ que par quatre levées de terre. Les deux premiers ouvriers tracent la tranchée et enlèvent la première levée de terre, l'un d'eux déblayant le terrain pendant que l'autre cure le fond de cette première saignée et régale les talus. Les deux autres ouvriers font chacun une levée de terre, et le cinquième pousse la tranchée à profondeur et en régularise le fond avec la drague courbe.

Exécution à la tâche. — Aussitôt que les ouvriers, par quelque apprentissage payé à la journée, ont pu se rendre compte de cette nature de travaux, les tranchées doivent toujours être exécutées à la tâche : c'est dire assez qu'il faut laisser aux ouvriers toute latitude pour leur organisation par brigade. Le groupement par trois ouvriers est le mode d'opération le plus ordinairement employé; mais la division par groupes, soit de trois, soit de cinq hommes, n'est nullement indispensable. On rencontre quelquefois des ouvriers très-adroits qui préfèrent être seuls, d'autres qui exécutent leur tranchée à deux seulement, et ainsi de suite.

Il est impossible d'indiquer d'avance la longueur de la tranchée que chaque homme peut ouvrir par jour; elle varie avec son habileté et la nature du sol. Dans de fortes argiles plastiques, mais sans pierres, chaque ouvrier peut ouvrir de 20 à 30 mètres de tranchées par journée; dans certains sols pierreux, le meilleur ouvrier ne dépasse pas une longueur de 4 à 5 mètres par jour.

Les bêches de drainage portent toutes une espèce de pédale que montrent bien les dessins précédents, et que l'on voit en plan près de la figure 39. Cette pédale se cale à différentes hauteurs sur le manche de la bêche, à l'aide d'un petit coin en fer; elle sert à pousser la bêche avec le pied, quelle que soit la profondeur à laquelle on agisse, et quelle que soit l'inclinaison de la lame par rapport aux faces latérales. Les ouvriers draineurs attachent sous leurs souliers, avec un ruban qui contourne le cou-de-pied et la cheville, une portion de semelle en fer (fig. 37) avec laquelle ils appuient sur le bord des bêches ou des pédales pour enfoncer leur outil. Ils attachent aussi quelquefois, à l'extrémité de leurs chaussures, une petite garniture en fer, pour appuyer contre l'instrument en taillant le bord des tranchées.

La portion de semelle représentée fig. 37 ne pèse que 225 grammes; elle est beaucoup plus commode que les semelles entières que l'on conseille en général.

Plan.

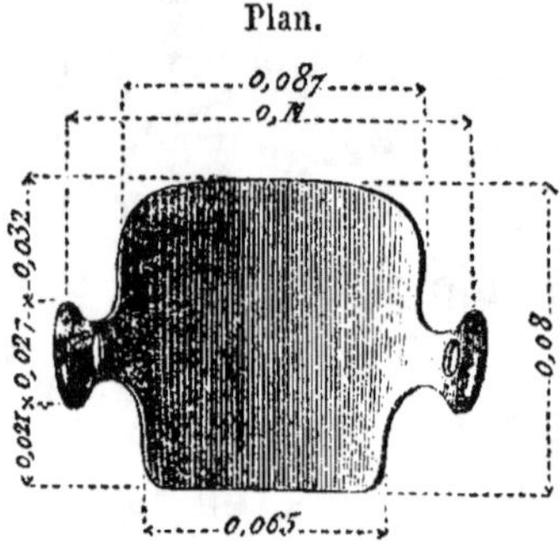

Vue de bout.

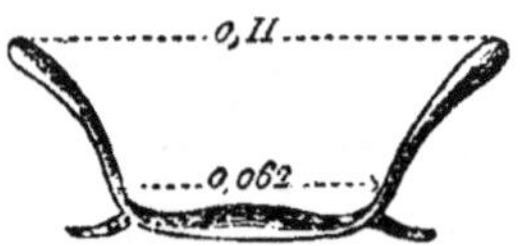

Vue de côté.

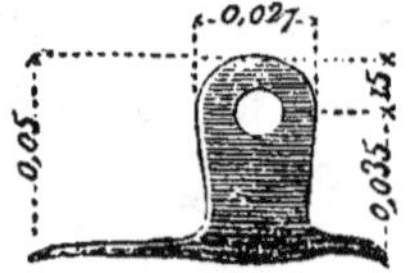

FIG. 37.
Semelle en fer.
(Échelle de 0,25.)

Dans les terres argileuses compactes, chaque ouvrier place auprès de lui un seau ou un bac rempli d'eau, où il plonge son outil avant de l'enfoncer dans le sol. Cette précaution réduit beaucoup l'adhérence et la ténacité du sol.

Mode d'emploi des outils. — Les terrassiers exercés acquièrent rapidement l'habitude des instruments de drainage ; cependant il est quelques tendances contre lesquelles on doit lutter dès l'origine, pour les empêcher de dégénérer en habitude.

Beaucoup d'ouvriers prennent d'une main, comme pour les pelles ordinaires, la poignée ou la béquille de la bêche, et saisissent le manche de l'autre main. Il ne faut point opérer ainsi : on doit tenir la tête du manche à deux mains, et appuyer sur la bêche ou sur la pédale, avec le pied, jusqu'à ce qu'elle ait atteint la profondeur voulue ; on tire alors à soi la poignée, par petites secousses, pour détacher le prisme de terre ; puis on fait descendre l'une des mains le long du manche de l'outil, pour soulever ce prisme de terre et le déposer sur le bord de la fouille.

Le talus de chaque prise de terre doit être coupé dans la direction du talus de la prise précédente, afin que les parois de la tranchée présentent des plans régulièrement inclinés depuis la surface du sol jusqu'au fond. C'est la partie du travail qui demande peut-être le plus d'adresse et d'habitude.

Les ouvriers qui débutent tendent toujours à donner aux faces des tranchées une direction verticale, ou même rentrante ; puis, arrivés au fond avec une largeur trop grande, ils ouvrent, par une retraite brusque (fig. 38), l'emplacement du tuyau. En opérant ainsi, on enlève évidemment un volume de déblai trop considérable, et il arrive, de plus, que le lit du drain n'est jamais en ligne droite.

Tout ce qui précède s'applique à l'ouverture des

FIG. 38.

Profil vicieux de tranchée.

tranchées dans un sol se laissant entamer à la bêche. Les détails dans lesquels on est entré permettront d'abréger beaucoup ce qui reste à dire des autres terrains.

Terrain graveleux et résistant. — Si le terrain est graveleux, ou trop dur pour se laisser couper à la bêche, soit dans toute la profondeur du drain, soit sur une certaine partie de cette profondeur, et si, cependant, il ne nécessite pas encore l'emploi du pic, on emploie une forte bêche étroite, fig. 39. Cette bêche désagrége le sol, mais elle enlève rarement un prisme bien défini : les curages à la pelle ou à la drague deviennent alors plus importants que dans le cas précédent.

Terrains très-durs. — Enfin quand le terrain résiste à la bêche, on emploie la pioche, ou le pic, ou bien l'une des formes de pic à pédale représentées par les fig. 40 et 41.

Chaque piocheur est alors suivi d'un ouvrier armé d'une pelle, qui enlève les déblais ameublis par le premier instrument. Dans ce cas, qui, heureusement, se présente assez rarement, il faut donner aux

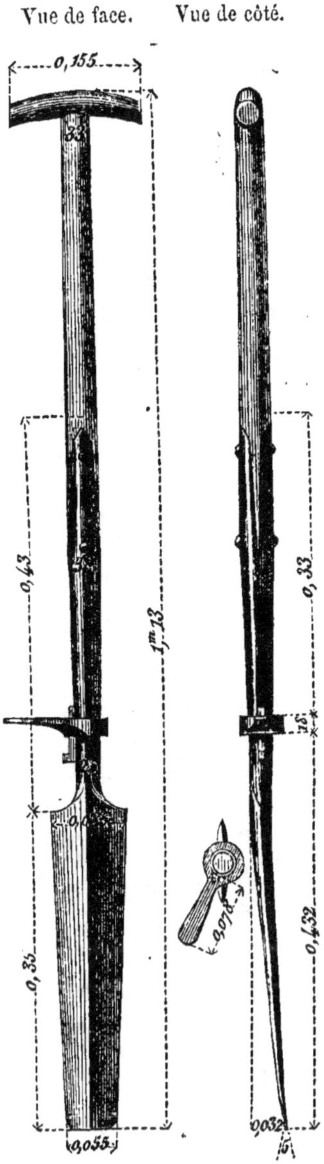

Fig. 39.
Bêche pour les terrains graveleux.
(Échelle de 0,10.)

tranchées beaucoup plus de largeur que nous ne l'avons indiqué, puisque les ouvriers doivent pouvoir, dans toute leur profondeur, y travailler à l'aise.

Dans les terrains difficiles dont il s'agit, on rencontre quelquefois des pierres volumineuses, que l'on ne peut enlever qu'en élargissant suffisamment la tranchée. Quand l'obstacle est trop volumineux pour être enlevé ainsi, il faut le contourner en déviant la tranchée. Ces circonstances se présentent souvent dans certains terrains à meulières, tels que ceux de Satory, qui ont cependant un grand besoin de drainage.

Terrains ébouleux. — Une autre classe de terrains que l'on rencontre assez fréquemment et qui

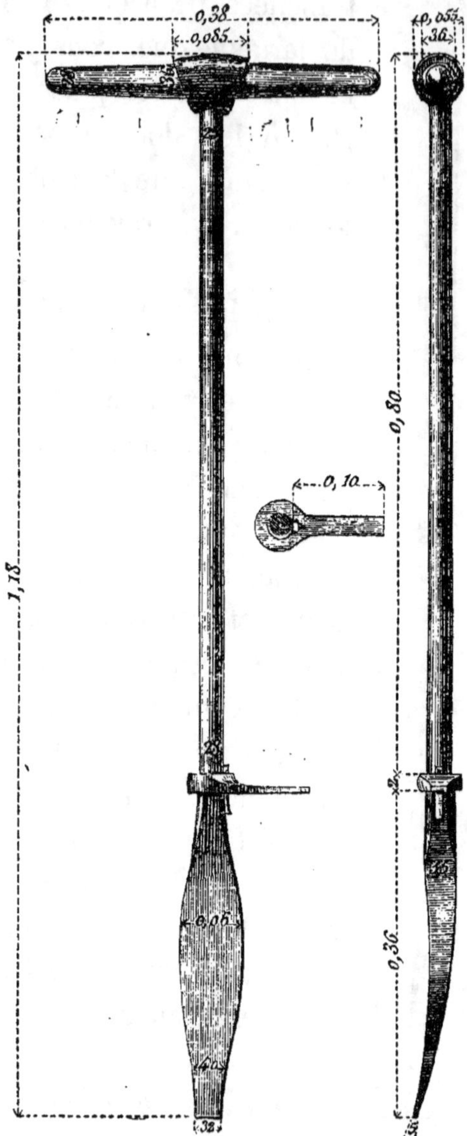

FIG. 40.
Pic à pédale français.
(Échelle de 0,10.)

présentent de grandes difficultés, et même des dangers, sont les sols ébouleux qui ne peuvent se maintenir sous l'inclinaison des talus des · tranchées. Dans ce cas, il faut soutenir les talus avec de fortes planches longitudinales maintenues par des étrésillons (fig. 42).

Si le terrain est très-coulant, on place même de la paille ou des fascines entre le sol et les planches.

Le boisage des tranchées très-étroites est difficile et augmente

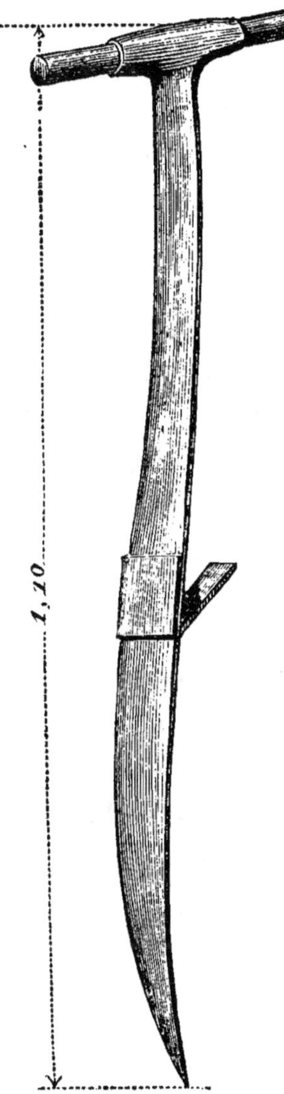

Fig. 41.

Pic à pédale anglais.

(Échelle de 0,10.)

beaucoup la dépense; on est généralement obligé d'augmenter la largeur des tranchées dans les terrains qui rendent nécessaire cette opération.

Avec ces précautions, et en posant les tuyaux aussitôt après l'ouverture de la tranchée, on peut traverser sans trop de difficultés des terrains très-mobiles. Cependant, il convient dans ces circonstances, de recourir à l'expérience de constructeurs de profession et de n'employer que d'excellents ouvriers; car alors la plus légère faute n'entraîne pas seulement un accroissement de dépense considérable, mais peut quelquefois compromettre la sûreté des travailleurs.

Il est, du reste, inutile d'ajouter que les terrains dont nous avons parlé en dernier lieu ne se pré-

FIG. 42.

Tranchée étrésillonnée.

sentent qu'exceptionnelle-ment, et qu'il serait, dès lors, inutile d'insister ici sur la description des moyens à employer pour les traverser.

Mise à part de la couche végétale.—La levée de terre qui doit être replacée à la partie supérieure de la tranchée, après son remplissage, doit être déposée du côté opposé à celui où l'on rejette les autres terres. En général, cette levée est la première; elle se compose de terre végétale, et l'on doit bien se garder de la jeter au fond du drain. Inutile d'ajouter que l'on choisit pour le côté où se fait ce dépôt celui où l'ouvrier jette le moins facilement, afin de réserver celui qui est à sa main pour le jet de la masse la plus considérable.

Règlement des pentes. —Quelle que soit d'ailleurs la nature du terrain traversé et la marche suivie pour ouvrir une tranchée, la partie du travail qui exige le plus de soin et d'attention consiste à régler parfaitement la pente de son fond. Il faut mainte-nant expliquer soigneusement comment les ouvriers obtiennent ce résultat, et comment on s'assure que cette condition *essentielle* de succès est complétement remplie.

Certains ouvriers prétendent s'assurer que le fond de la tranchée présente une pente régulière en y versant un peu d'eau, et en vérifiant qu'elle s'écoule sans rencontrer d'obstacle. D'autres, plus confiants encore, affirment qu'ils reconnaissent à la seule inspection les plus légères ondulations. De semblables méthodes d'appréciation sont faciles à juger : elles doivent être proscrites de tout travail bien dirigé.

On se rappelle que les têtes des piquets qui servent au tracé des drains (page 101) sont tous à la même hauteur au-dessus du fond des tranchées, et que ces piquets sont espacés de 50 mètres au plus les uns des autres. Il est donc très-facile, en s'aidant de trois mirettes de paveur, ou même simplement en bornoyant les têtes des deux piquets extrêmes, d'enfoncer au milieu de l'intervalle qui sépare deux piquets consécutfs un petit piquet provisoire, dont le sommet soit précisément sur la ligne droite qui passe par les têtes de ces deux piquets. Il est clair alors qu'en tendant fortement un cordeau entre les têtes de ces trois piquets, il sera parallèle et à une hauteur connue au-dessus du fond de la tranchée à ouvrir.

Il suffira alors, pour fixer en chaque point la profondeur du fond de cette tranchée, d'appuyer sur le cordeau a (fig. 45) la petite branche $b\,c$ d'une croix en bois léger, dont la grande branche $c\,d$ aurait la

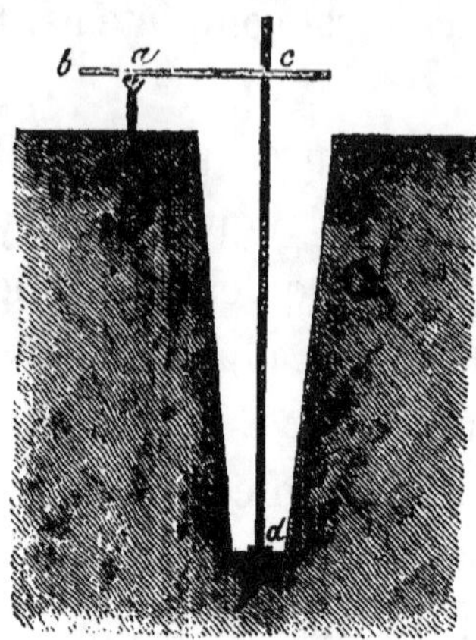

FIG. 43.

Règlement des pentes.

longueur qui doit exister entre le fond de la tranchée et le cordeau lui-même. On procède quelquefois de cette manière ; mais l'emploi de la croix de bois, ou de l'équerre graduée qui peut la remplacer, et la position du cordeau à une certaine distance du bord de la tranchée, où peuvent quelquefois se trouver des dépôts de déblai, rendent assez peu commode cette manière de procéder, que l'on simplifie, en pratique, de la manière suivante :

On enfonce horizontalement dans la face presque verticale de la tranchée (fig. 44), au droit des gros

FIG. 44.

Règlement des pentes.

piquets *a a* primitivement placés, et à o^m,4o, par exemple, au-dessous de leur tête, de petits piquets provisoires *b b*. Si la distance des piquets *a a* excède 20 à 25 mètres, on place un troisième piquet provisoire *b'* entre les piquets *b b* et sur la même ligne, et, enfin, on tend un cordeau sur ces trois piquets *b b' b*, à quelques centimètres en avant de la face du terrain. Ce cordeau est parallèle à la ligne qui joint les têtes des piquets *a a*; et, par conséquent, il est lui-même parallèle au fond de la tranchée. Dès lors, il suffit de tenir à la main une petite baguette, d'une longueur égale à la distance qui doit exister entre cette ligne *b, b' b* et le fond *d, d* de la tranchée, pour reconnaître les points qu'il faut approfondir ou ceux qu'il faut remblayer, si, par maladresse, on a trop creusé quelques parties de la fouille.

Vérification du profil. — Aussitôt après l'ouverture des tranchées et avant de commencer la pose des tuyaux, le surveillant doit soigneusement vérifier les dimensions des tranchées. Il y parvient facilement en essayant d'y introduire un petit gabarit (fig. 45), formé de deux ou trois règles solidement fixées les unes aux autres. On doit faire faire autant de ces gabarits que l'on a de

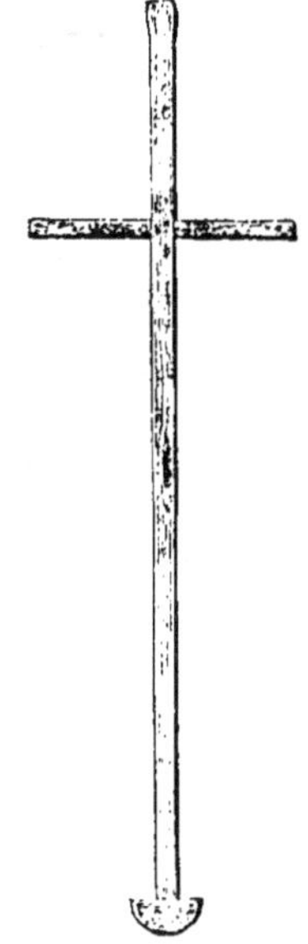

Fig. 45.
Gabarit
pour la vérification
du
profil transversal.

types de sections de tranchées. Quelquefois, on se contente d'un seul gabarit formé de pièces mobiles et graduées, mais cet instrument, toujours sujet à se déranger, n'offre pas assez de garanties.

Les tranchées doivent présenter une forme parfaitement régulière, des faces bien dressées et un fond parfaitement uni. On doit se montrer aussi sévère pour les augmentations de largeur que pour les rétrécissements et les bosses des talus. Le profil, une fois adopté, doit être scrupuleusement suivi. En tenant fortement la main, dès l'origine, à la parfaite exécution des tranchées, les ouvriers en acquièrent promptement l'habitude, et le travail gagne à la fois en vitesse et en perfection.

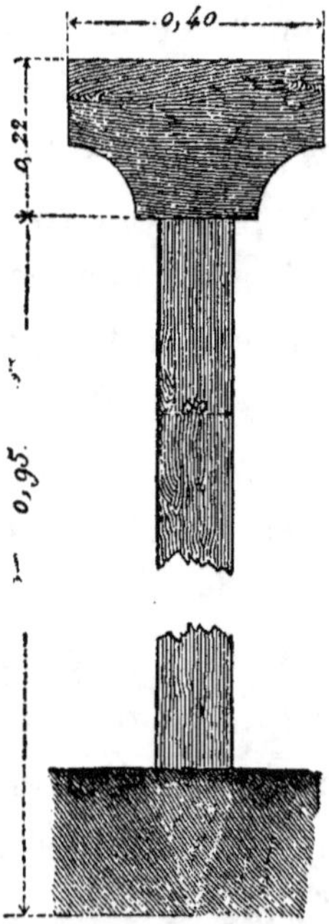

FIG. 46.

Mirette.

(Échelle de 0,05.)

Seconde vérification des pentes. — L'uniformité de la pente du fond des tranchées est plus importante encore, comme on l'a déjà dit, que celle de leur profil transversal. Elle doit être l'objet d'un examen minutieux, répété au moment de la réception des tâches des ouvriers, avant la pose des tuyaux et quelquefois même après cette pose, au commencement du remplissage.

Quand on emploie les cordeaux,

comme on l'a expliqué, il est d'abord très-facile de constater que la profondeur de la tranchée au-dessous du cordeau directeur est bien constante. Mais, pour avoir une vérification plus complète et s'assurer que ce cordeau lui-même est bien placé, on se sert de trois mirettes (fig. 46) analogues à celle des paveurs, mais ayant environ 1^m,80 à 2 de hauteur.

On place deux de ces mirettes (fig. 47) au droit de

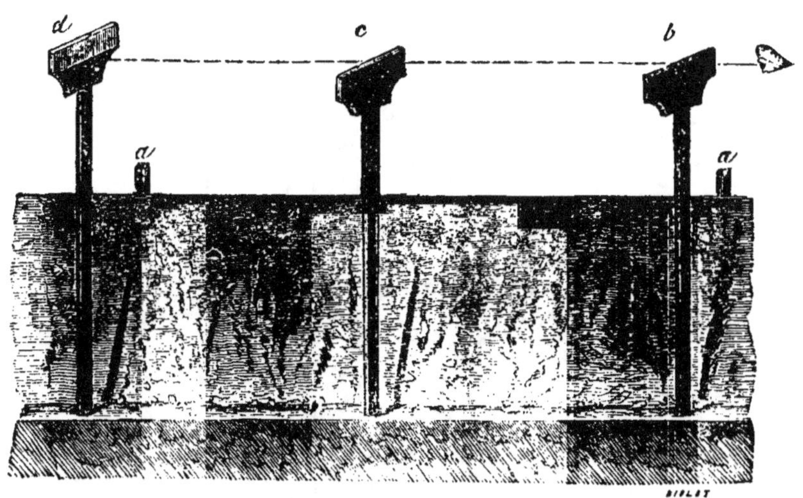

Fig. 47.

Vérification des pentes des tranchées.

deux piquets de repère *aa*, en s'assurant que leur pied est à la profondeur voulue au-dessous de la tête de ce piquet; puis, se plaçant en arrière de la mirette *b*, et bornoyant la ligne de foi de la seconde *d*, on fait placer la troisième *c* en différents points de la tranchée, et l'on s'assure que, dans ces diverses positions, la ligne de visée *b d* affleure toujours exactement le dessus de la mirette intermédiaire *c*.

Pour placer le pied des deux mirettes extrêmes

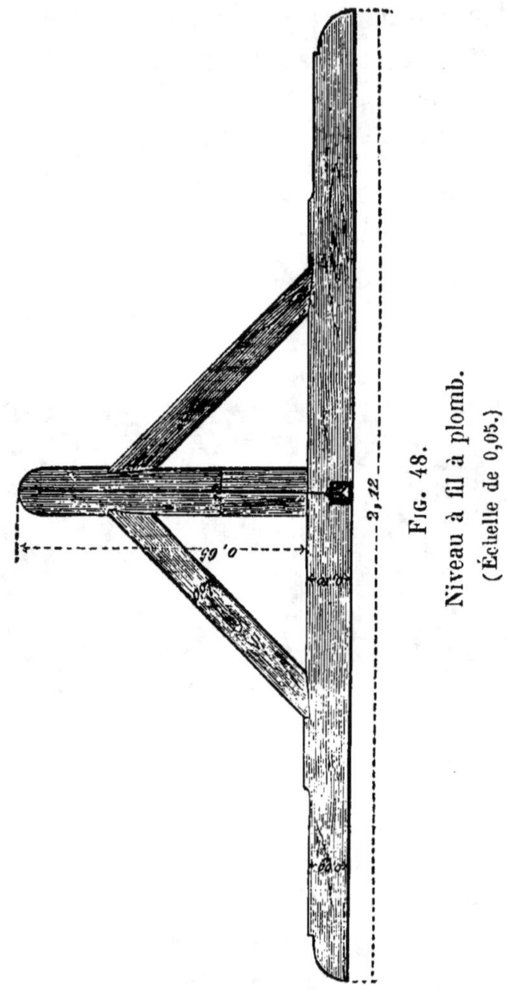

Fig. 48.

Niveau à fil à plomb.
(Échelle de 0,05.)

b et *d* à la profondeur voulue au dessous des têtes des piquets de repère, on peut employer bien des moyens faciles à imaginer. L'un des plus simples consiste à poser sur le piquet, en le plaçant perpendiculairement à la tranchée, un grand niveau de maçon (fig. 48), et à s'assurer que le dessous de sa règle rencontre le pied de la mirette contre lequel on l'appuie, le fil étant au repère, précisément contre une marque faite à l'avance à une distance du pied égale à la hauteur adoptée pour la position des piquets au-dessus du fond des tranchées (1).

Le niveau de maçon, représenté par la figure précédente, sert aussi quelquefois à vérifier la pente des tranchées ou des files de tuyaux; à cet effet, on le pose sur la ligne dont on veut vérifier la pente, et on s'assure que le fil s'écarte de la verticale d'une quantité correspondante à la pente adoptée. Ce mode de vérification est beaucoup moins précis et moins commode que celui qui vient d'être indiqué ; mais il peut rendre des services aux personnes qui n'ont pas l'habitude des mirettes.

---

(1) Il est commode de tracer sur les tiges des mirettes des divisions en décimètres, alternativement rouges et blancs, subdivisés en centimètres par de petits clous de laiton à tête ronde.

CHAPITRE III.

QUALITÉS, TRANSPORT ET POSE DES TUYAUX.

Forme des tuyaux. — Les tuyaux de drainage à peu près exclusivement employés aujourd'hui sont en terre cuite (fig. 49); ils sont cylindriques. Leur

Fig. 49.

Tuyau de drainage.

(Échelle de 0,10.)

longueur varie de $0^m,30$ à $0^m,40$ et leur diamètre de $0^m,03$ à $0^m,20$ et au-dessus, suivant le volume d'eau dont ils doivent assurer l'écoulement; leur épaisseur est de $0^m,01$ environ, pour les plus petits. Toutes les formes de tuyaux proposées sont moins bonnes que la forme cylindrique.

Colliers. — Les extrémités des tuyaux sont engagés en général dans des colliers, également en terre cuite, de $0^m,07$ à $0^m,10$ de longueur, dont le diamètre est tel que le tuyau entre facilement dans le collier (fig. 50 et 51). On a quelquefois proposé d'employer des col-

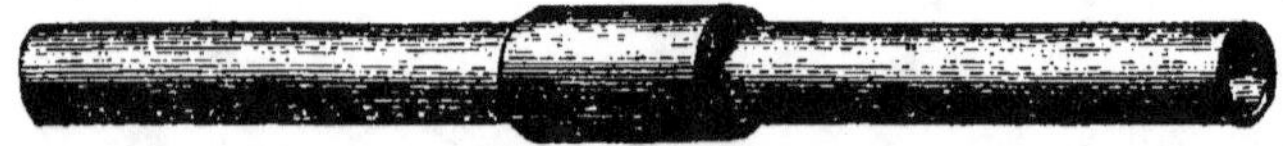

Fig. 50.

Tuyaux avec collier.

(Échelle de 0,10.)

Fig. 51.

Coupe de tuyaux
et de colliers
de divers diamètres.

liers criblés de trous, pour rendre plus facile l'introduction de l'eau dans le tube de terre. Cette disposition, qui augmentait le prix des colliers tout en diminuant leur solidité, a été reconnue inutile et même nuisible ; l'eau trouve bien assez d'issues entre les joints imparfaits des tuyaux. Des ouvertures plus larges, surtout à la partie supérieure d'un tuyau, ne peuvent que faciliter l'introduction des corps solides et concourir ainsi à la dégradation de l'ouvrage.

L'emploi de colliers n'est malheureusement pas aussi répandu en France que l'on pourrait le désirer. Il offre cependant de nombreux avantages, et assure aux travaux un degré de perfection difficile à atteindre par les autres moyens employés pour les remplacer (1).

Raccordements. — Le raccordement de deux lignes de drains s'effectue au moyen d'une ouverture circulaire pratiquée dans le plus gros tuyau, et dans laquelle pénètre le plus petit (fig. 52).

Ces tuyaux percés d'une ouverture se fabriquent très-simplement, et ne coûtent qu'un tiers environ en sus du prix des tuyaux ordinaires de même dimension.

----

(1) Voir la note 9.

FIG. 52.

Raccordement de deux lignes de drains.

Qualités des tuyaux. — On ne doit employer que des tuyaux de très-bonne qualité : on ne saurait à cet égard se montrer trop sévère.

Les bons tuyaux présentent les caractères suivants :

Ils doivent, par le choc, rendre un son sec, très-clair, un bruit *vif*, comme disent les ouvriers; leur forme doit être régulière.

Plongés dans l'eau pendant une dizaine d'heures, après avoir été bien desséchés, ils ne doivent pas absorber plus de 15/100 de leur poids de ce liquide, soit 146 grammes pour un tuyau pesant 997^g,5.

Au delà des dix ou douze premières heures, le poids de l'eau absorbée ne doit pas augmenter avec la durée de l'immersion.

Les tuyaux de bonne qualité, mis à bouillir pendant une dizaine de minutes dans une dissolution contenant deux parties de sulfate de soude pour une partie d'eau, puis retirés de ce bain et exposés à l'air et à l'humidité, résistent à cette épreuve pendant plusieurs jours sans se briser.

Exposés aux premières gelées de l'hiver sur un pré, ils doivent également résister à cette influence destructive.

Il ne doit exister que très-peu de chaux dans la

pâte des tuyaux bien fabriqués. Cette substance ne doit jamais y entrer pour plus de 10 à 12 p. o/o. Il est bien entendu, d'ailleurs, que la chaux doit être à l'état de *combinaison* dans la masse et ne *jamais* s'y trouver en grumeaux isolés La cuisson des tuyaux à pâte calcaire doit être encore plus soignée que celle des tuyaux à pâtes dépourvues de cet élément.

Il faut rebuter tout tuyau présentant, dans le sens de sa longueur, plus de 0^m,005 à 0^m,006 de flèche

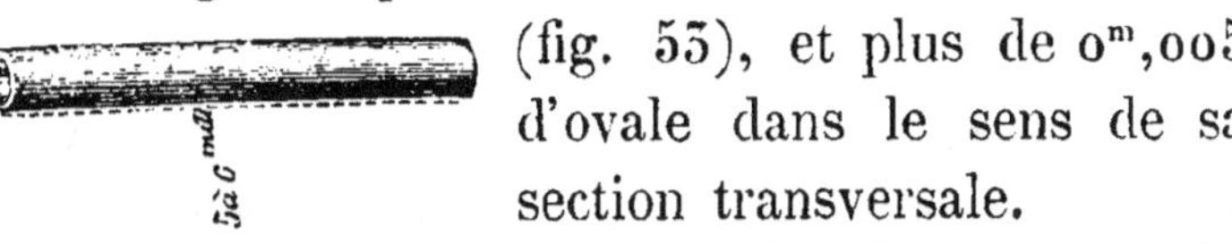

(fig. 53), et plus de 0^m,005 d'ovale dans le sens de sa section transversale.

FIG. 53.   Le mille de tuyaux de 0^m,030 à 0^m,035 de diamètre intérieur pèse habituellement de 750 à 950 kilogrammes.

Transport sur place des tuyaux. — Quand le piquetage d'un terrain à drainer est terminé, il faut s'occuper du transport sur place des tuyaux.

Les voitures les déposent par tas dans les parties du champ où ils ne peuvent pas gêner le travail. Aussitôt que l'ouverture des tranchées est commencée, et que la première levée de terre est jetée en réserve sur l'un des côtés, on distribue les tuyaux le long des drains, en les déposant sur le déblai en nombre suffisant, et de façon que le poseur puisse les prendre facilement auprès du point où chacun d'eux doit être placé.

Si l'on emploie des manchons, chaque tuyau

est introduit à l'avance dans son manchon.

Le transport des tuyaux, des tas de dépôt aux tranchées, se fait à l'aide d'une civière légère à quatre pieds, portée par deux hommes. Cette civière est garnie à chaque extrémité d'une planche verticale, pour empêcher les tuyaux de rouler. La distribution des tuyaux le long des tranchées peut être confiée à des enfants.

Pose. — Lorsque toutes les dispositions précédentes ont été prises, on peut s'occuper de la pose des tuyaux aussitôt après l'achèvement de la tranchée et la vérification de son profil transversal ou de sa pente longitudinale.

La pose des tuyaux exige beaucoup de soin ; elle doit être confiée à un ouvrier exercé, et constamment surveillée par le directeur du travail.

Quand on emploie des colliers, les tuyaux s'y engagent et sont ainsi maintenus à la suite les uns des autres. On cale les tuyaux et leurs colliers, au fond de la tranchée, au moyen de quelques petites pierres ou de terre émiettée, soigneusement appliquée et un peu pilonnée, sur laquelle on jette ensuite la terre extraite de la tranchée et déposée sur un de ses côtés.

Lorsqu'on n'emploie pas de colliers, on met les tuyaux bout à bout aussi exactement que possible, on les assujettit à leurs points de raccordement au moyen de quelques tessons provenant de tuyaux cassés ou de tuiles, par-dessus lesquels on tasse for-

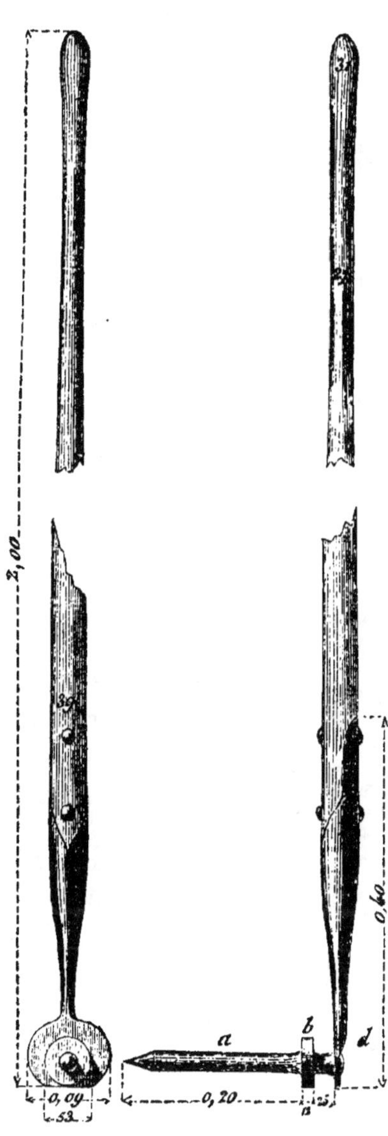

Fig. 54.

Broche à poser les tuyaux
avec colliers.

(Échelle de 0,10.)

tement une motte de
terre argileuse aussi
grosse que possible,
et l'on termine le rem-
plissage comme dans
le premier cas. Ce
mode de pose est plus
délicat que le premier;
il demande plus de
temps et d'adresse,
et il ne peut jamais
offrir autant de ga-
ranties. Ces désavan-
tages font plus que
compenser la très-
faible économie qu'il
peut présenter sur
l'emploi des colliers,
dont nous ne pouvons
trop souvent recom-
mander l'usage, sur-
tout aux personnes
qui sont obligées de
confier leurs travaux
à une surveillance
étrangère, et qui ne
peuvent pas poser
elles-mêmes, et un à
un, pour ainsi dire,

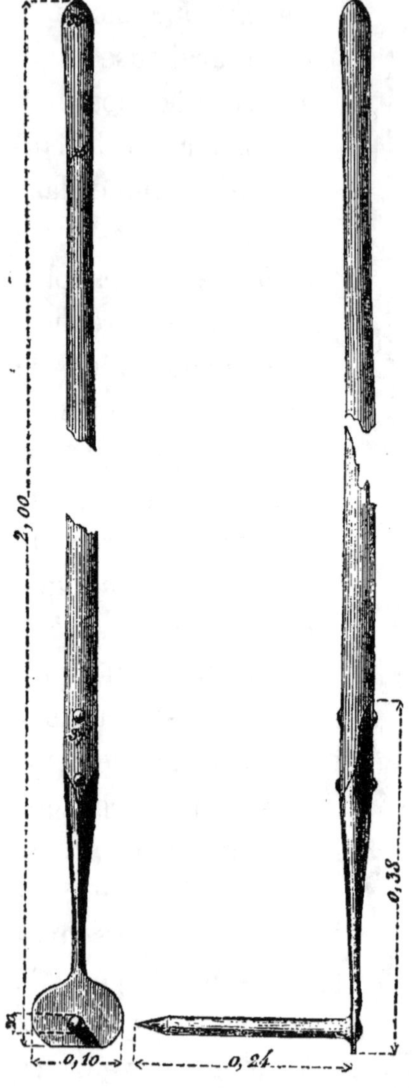

Fig. 55.

Broche à poser les tuyaux
sans colliers.

(Échelle de 0,10.)

leurs tuyaux de drainage.

Pour déposer au fond des tranchées étroites et profondes les tuyaux de terre et leurs colliers, on emploie un instrument appelé *broche*, représenté par la fig. 54. L'ouvrier le tient par le manche en bois, et introduit dans le tuyau la tige placée à l'extrémité ; il enlève ainsi ce tuyau et le dépose à la place qu'il doit occuper. La tige a entre dans le tuyau, qui vient s'appuyer contre l'épaulement b. La longueur bd de cet épaulement est égale à la moitié de celle du collier, son diamètre est supérieur au diamètre intérieur du tuyau et inférieur à celui du collier ; de sorte qu'on maintient ainsi le tuyau et le collier dans la position relative qu'ils doivent occuper. Il est donc facile d'introduire l'extrémité libre du tuyau dans le collier qui le précède, déjà déposé de la même manière au fond de la tranchée.

Quand on pose les tuyaux sans collier, on peut employer une broche sans épaulement, comme celle représentée fig. 55.

Quelle que soit la broche employée, l'ouvrier poseur se place sur le bord de la tranchée, ou bien, si elle est assez étroite, avec un pied sur chaque bord. En imprimant à la broche garnie de son tuyau une série de petites secousses, on donne à ce tuyau un certain mouvement de rotation qui permet de trouver la position dans laquelle son assiette et son contact avec le tuyau précédent sont le mieux établis. L'ouvrier poseur retire alors sa broche; il frappe légèrement avec l'instrument sur le tuyau pour le bien asseoir; puis, il prend un nouveau tuyau qu'il pose comme le précédent.

Les joints des tuyaux posés sans manchons doivent être recouverts, comme on vient de le dire, de quelques tessons, sur lesquels on dépose une forte pelote d'argile plastique fortement tassée et remplissant bien le fond de la tranchée. La pose des tessons et de la terre se fait à la main, quand la tranchée est assez large pour que l'ouvrier puisse y atteindre, et c'est le parti que l'on prend ordinairement; de sorte que l'absence de manchons conduit indirectement à élargir les tranchées. Pour éviter cet inconvénient, quelques personnes posent les tessons avec une longue pince en bois semblable aux pinces à échardonner, et que l'on manœuvre du haut de la tranchée.

On a quelquefois conseillé de recouvrir d'un lit de paille de seigle ou d'avoine les tuyaux posés sans manchons. Cette pratique doit être absolument proscrite de tout travail bien fait. Dans les sols extrêmement coulants, on peut être accidentellement obligé de poser quelques tuyaux sur un lit de paille; mais on devrait recourir à un autre mode d'assainissement si ce procédé devenait nécessaire sur une grande étendue de terrain.

On comprend, par ce qui précède, combien la pose des tuyaux sans collier exige de soins, et combien elle rend probables des malfaçons nombreuses. Un poseur peut mettre en place trois à quatre cents tuyaux garnis de colliers en une heure; il peut à peine, avec beaucoup plus de fatigue, en placer le tiers en recouvrant les joints de tessons et de terre. Ce fait, et les observations précédentes, expliquent la préférence que nous donnons aux manchons sur tout autre mode de pose.

Les très-gros tuyaux se posent à la main au fond des tranchées qui doivent les recevoir, et qui sont assez larges pour que l'ouvrier puisse y pénétrer. On doit les poser avec beaucoup de soin, établir le plus complétement possible le contact de leurs extrémités, les caler fortement dans la tranchée, pour qu'ils ne se dérangent pas pendant le remplissage, et, enfin, mettre sur les joints quelques tessons recouverts d'une forte pelotte d'argile bien malaxée et très-soigneusement tassée.

Quand on n'a pas de tuyaux assez gros pour le volume d'eau à débiter, on en place deux de même grosseur, l'un à côté de l'autre, et même, au besoin, on en superpose un troisième sur les deux premiers. On s'arrange pour que les joints des différentes files de tuyaux ne concordent pas les uns avec les autres.

Avant de laisser procéder au comblement de la tranchée, et même quand il s'agit de tuyaux sans manchons au recouvrement des joints, le surveillant doit vérifier exactement la pose, s'assurer que tous les tuyaux sont bien en contact à leurs extrémités et qu'ils forment une ligne droite parfaitement continue. Pour atteindre ce but, il convient de vérifier encore la pente avec les nivelettes, ou bien à l'aide du grand niveau de maçon dont il a déjà été parlé (p. 134). Cet instrument porte une division que parcourt la pointe du plomb ; cette division exprime des pentes : dans toutes les positions de l'instrument sur une même ligne de tuyaux la pointe du plomb doit évidemment s'arrêter toujours à la même division. Ce moyen, et tous ceux du même genre imaginés pour vérifier la pente des tuyaux avec des niveaux de pente, peut évidemment donner de bons résultats, mais il est certain que l'usage des nivelettes est plus sûr et plus prompt, quand on a suivi la marche systématique que nous avons indiquée, en employant un plan nivelé et des piquets de repère assez nombreux et assez soigneusement posés.

Manchons ou colliers. — Les manchons ne sont autre chose, comme on le verra plus loin, que des tuyaux d'un diamètre convenable, partagés en trois ou quatre parties par une section circulaire pénétrant à moitié de leur épaisseur. Quand cette section a été bien faite, il suffit d'un coup sec, frappé à faux, pour séparer les manchons les uns des autres. Si la rupture se fait mal et entraîne un déchet par la casse des manchons, on peut les séparer à l'aide d'un ciseau à froid, dont on place le tranchant dans le joint et que l'on frappe légèrement. On arrive plus facilement encore au même résultat à l'aide du petit marteau à tranchant et à pointe représenté de face et de côté par la fig. 56.

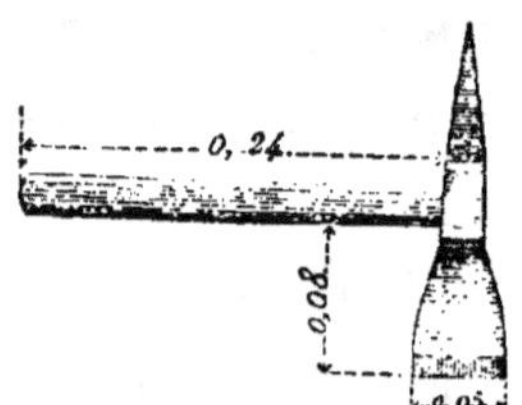

FIG. 56.

Marteau à fendre et à percer
les tuyaux.
(Échelle de 0,10.)

Il arrive quelquefois que les tuyaux préparés pour les manchons viennent à manquer. Dans ce cas, on peut faire des manchons avec des tuyaux ordinaires; il suffit pour cela de les scier par tronçons, s'ils ne sont pas trop durs, ou de pratiquer avec le tranchant de la hachette précédente une entaille circulaire qui permet de rompre régulièrement le tuyau.

La pointe de ce petit marteau sert à faire dans les tuyaux les ouvertures cylindriques nécessaires aux raccordements (fig. 52 ci-dessus), quand accidentellement, on vient à manquer de tuyaux préparés à cet effet avant leur cuisson.

Raccordements. — On rappellera ici la règle donnée pour le raccordement des lignes de drains : il faut que les arêtes supérieures des deux tuyaux soient dans un même plan. Les raccordements établis par des tubes courbes, arrivant à la partie supérieure du plus gros tuyau, et par diverses autres méthodes, fournissent de moins bons résultats et exigent plus de soin et des matériaux plus coûteux.

Il arrive quelquefois que l'on est conduit à raccorder entre elles deux lignes de drains de même diamètre. On y parvient au moyen d'un tuyau de raccordement d'un diamètre supérieur, disposé au point de rencontre comme le montre la figure 57.

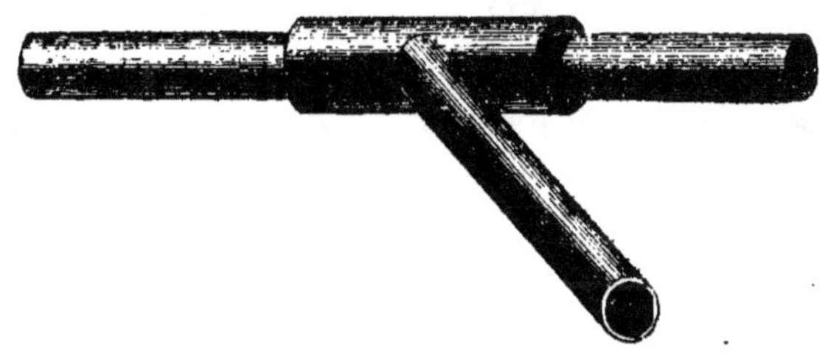

Fig. 57.

Raccordement de lignes du même diamètre.

Sens de la pose. — On a vu qu'il fallait ouvrir les tranchées en allant de l'aval vers l'amont, et en commençant par les maîtres-drains. Cette manière de procéder n'est pas ordinairement applicable à la pose des tuyaux. Si le temps est beau et le terrain sec, on peut, il est vrai, sans inconvénient, commencer la pose et le remplissage par le bas des tranchées. Cependant, s'il survient de la pluie avant l'entier achèvement du travail, il faut soigneusement boucher l'entrée des lignes de tuyaux, pour qu'ils ne se remplissent pas d'eaux troubles. Il est donc toujours préférable de commencer la pose par le haut des tranchées : il est même indispensable d'agir ainsi dans les terrains mouillés ou détrempés.

Si le fond de la tranchée est délayé et rempli de boue, il est nécessaire de la balayer vers l'aval avant de poser chaque tuyau, afin qu'il soit toujours sur un sol sain et solide, et qu'il ne puisse se remplir de matières boueuses.

Dans les terrains très-mouillés, il faut laisser quelques jours d'intervalle entre l'avant-dernière et la dernière levée de terre, pour donner au sol le temps de s'égoutter un peu, et ne faire la dernière levée qu'au moment même de la pose, pour ne pas laisser l'eau délayer le fond de la fouille.

Dans tous les cas, le dernier tuyau d'amont de chaque tranchée doit être bouché avec une pierre recouverte d'argile grasse, pour empêcher l'introduction dans ce tuyau des terres délayées par l'eau.

La pose des tuyaux ne doit être confiée qu'à des ouvriers de confiance payés à la journée et largement rétribués.

CHAPITRE IV.

Remplissage. — Lorsque la pose des tuyaux a été vérifiée par le surveillant, il faut procéder, sans aucun délai, au remplissage des tranchées. Les files de drains ne doivent jamais rester découvertes ; car une ondée, et même la malveillance, pourrait faire perdre le fruit d'un travail difficile.

Pilonnage du remblai. — On choisit pour mettre immédiatement sur les drains la terre la plus argileuse extraite de la tranchée, on l'émiette soigneusement et on la jette à la pelle avec précaution sur les tuyaux, en couche de 0^m,15 à 0^m,25 d'épaisseur. Cette première couche doit être piétinée avec la plus scrupuleuse attention ou battue avec un petit pilon en bois, si la tranchée est trop étroite pour qu'un homme puisse y marcher.

Si l'on opère dans un sol où les obstructions ferrugineuses soient à craindre, le tassement de cette première couche de remblai doit être encore plus soigné que dans les cas ordinaires. On y revient, dans ce cas, à deux ou trois reprises différentes, à quelques heures de distance, en humectant la terre si cela est nécessaire.

On fait alors tomber dans la tranchée, avec une pelle ordinaire, ou avec une espèce de houe à long manche, à deux ou trois dents (fig. 58 et 59), une nouvelle quantité de terre. On a soin de briser les mottes, et l'on tasse fortement cette nouvelle couche de terre, en la piétinant ou en la damant.

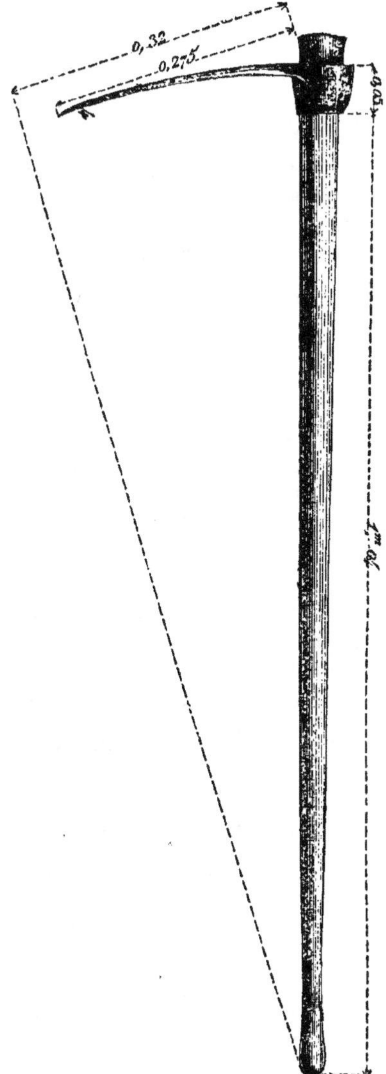

Fig. 58.

Vue de côté de la houe à remplir les tranchées.

(Échelle de 0,10.)

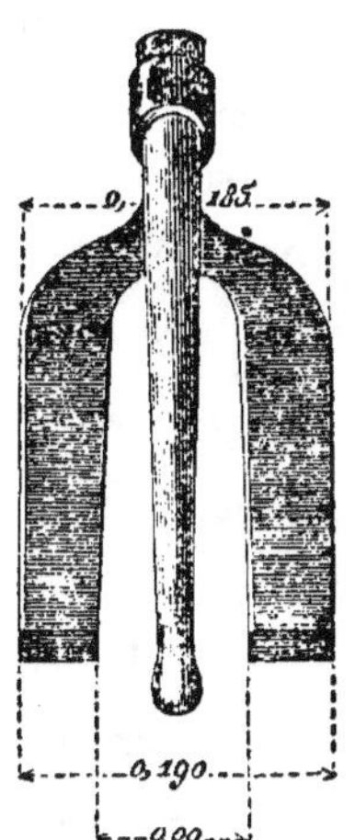

Fig. 59.

Plan de la houe à remplir les tranchées.

(Échelle de 0,10.)

Si le temps est au beau, il peut être utile de suspendre le remplissage des drains après l'emploi de cette deuxième couche, et de laisser l'action de l'air s'exercer sur les parois des tranchées.

On peut aussi, à cette époque du travail, déboucher l'origine de quelques drains et y verser de l'eau propre, pour s'assurer qu'elle coule facilement et qu'elle arrive bien à l'extrémité inférieure. On s'expose, dans cette expérience, à introduire de la terre dans le drain; elle ne doit, dès lors, être tentée qu'avec précaution, et seulement sur les lignes où quelque circonstance particulière peut faire craindre une obstruction.

On achève de remplir la tranchée par couches de $0^m,20$ à $0^m,50$ d'épaisseur, toujours bien tassées, en replaçant à la surface la terre végétale mise de côté à cet effet.

Le tassement des couches successives de remblai est une précaution sur laquelle on doit d'autant plus insister qu'elle est plus souvent négligée, et que cette négligence peut produire des accidents sérieux dans le drainage.

Quelque soin que l'on apporte à tasser les couches successives de remplissage de la tranchée, il reste presque toujours un excès de terre qui dessine en relief la position des drains. Le passage de la charrue dans les terres labourées fait bientôt disparaître cet état de choses.

Le pilonnage des terres des tranchées dans les

prairies, surtout lorsqu'elles doivent être arrosées, doit être encore plus soigné que dans les terres de labour. On rapporte soigneusement les gazons sur le remblai, en les battant bien, pour les faire taller, et de manière qu'ils ne présentent qu'un léger relief, qui disparaît ordinairement, après un hiver, d'une manière complète.

On a proposé souvent de combler les tranchées en y rejetant la terre avec une charrue ou bien à l'aide de divers instruments tirés par des chevaux. Ces moyens produisent un travail moins parfait que le remblai à bras; ils donnent beaucoup d'embarras et ne semblent pas, jusqu'à présent, réaliser une économie capable de compenser les inconvénients qu'ils présentent.

Le remplissage des tranchées se fait souvent entièrement à la tâche. Il convient cependant de faire faire à la journée la pose de la première couche de remblai; c'est une précaution que l'on devra prendre dans toutes les opérations bien dirigées.

CHAPITRE V.

Emploi général des tuyaux. — Les drains avec tuyaux de terre cuite sont à peu près exclusivement employés aujourd'hui. Cependant, on peut être forcé, dans certaines circonstances spéciales et exceptionnelles, de recourir à l'emploi de conduits différemment établis, et dont il est nécessaire de dire ici quelques mots.

Drains en tuiles creuses. — L'emploi de *tuiles creuses*, posées au fond de la tranchée de drainage sur une sole plate (fig. 60), était déjà un véritable

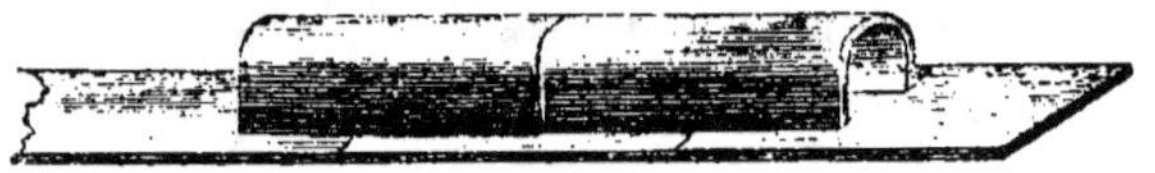

FIG. 60.

Tuiles courbes et soles.

perfectionnement sur la plupart des méthodes antérieurement employées. Mais les tuyaux d'un seul morceau remplacent évidemment avec avantage ces pièces séparées, et beaucoup plus fragiles qu'eux. Cependant, on peut avoir encore l'occasion d'employer les tuiles creuses, soit pour épuiser d'anciens approvisionnements, soit pour faire des essais de drainage dans les localités où les tuiles seraient un objet de fabrication courante, et dès lors peu coûteuses, et où l'on ne voudrait pas, avant d'être éclairé sur les résultats du drainage, faire les frais d'établissement d'une fabrique de tuyaux. Il est donc nécessaire d'entrer dans quelques détails au sujet de l'emploi des matériaux de cette nature.

Les tranchées destinées à recevoir des conduits en tuiles courbes ne diffèrent pas, quant à la profondeur, de celles qui doivent être garnies de tuyaux. Seulement, leur largeur au fond doit être un peu plus considérable, pour que la tuile plate y entre librement. La surface du fond de la tranchée doit d'ailleurs être plane pour que la tuile plate y prenne complétement son assiette.

La longueur des tuiles plates est quelquefois égale à celle des tuiles courbes, mais il vaut mieux que ces dernières n'aient que le tiers de la longueur de la sole, afin que chaque sole porte deux tuiles entières. Dans tous les cas, on dispose les tuiles et les soles à joints croisés.

Quand les soles sont soigneusement posées et mises en contact entre elles et avec le terrain, on place les tuiles courbes. On les recouvre souvent avec un lit de paille, de gazons ou de toute autre matière filamenteuse, sur lequel on tasse soigneusement les premières couches de terre, et on achève ensuite de remplir la tranchée comme de coutume ; mais il vaut mieux tasser directement la terre grasse sur la tuile et éviter l'emploi des matières orga-niques, dont la destruction plus ou moins rapide peut compromettre le succès du travail. La figure 61 re-présente la coupe, avant le remplis-sage, d'un drain garni de tuiles courbes et de soles plates.

Fig. 61.
Drain
à tuiles courbes.

Le raccordement de deux lignes de drains de cette es-pèce a lieu au moyen de tuiles échancrées (fig. 62).

Les drains prin-cipaux sont formés de tuiles de gran-des dimensions ou par la réunion de deux tuiles cour-bes séparées par une sole plate , ou même de trois tuiles courbes placées l'une près de l'autre (fig. 63 et 64).

Fig. 62.
Raccordement de drains en tuiles courbes.

Fig. 63.
Drain principal
formé de deux tuiles
courbes.

Quelques agriculteurs, trompés par l'apparence de dureté et de ré-sistance de la terre du fond de la tranchée, ou séduits par l'espoir d'une fausse économie, ont voulu supprimer les soles plates sous les

Fig. 64.

Drain principal.
formé de trois tuiles
courbes.

tuiles courbes, ou placer seulement ces espèces de semelles sous les joints des tuiles courbes. Ces différents modes d'établissement des drains ne donnent que de très-mauvais résultats. Les argiles les plus dures se délitent et se détrempent rapidement sous l'action de l'air et de l'eau. La tuile courbe s'enfonce alors dans le sol, et le tuyau est bientôt complétement détruit ou bouché, comme nous l'avons observé dans quelques drains qui avaient été ainsi établis, et que nous avons eu l'occasion de voir démonter.

Drains en pierres. — Les drains en pierres sont formés de menus matériaux jetés pêle-mêle au fond de la tranchée, ou bien ils se composent de véritables petits canaux souterrains, plus ou moins artistement construits pour utiliser les pierres dont on dispose.

Ce dernier mode de construction peut convenir pour former de véritables aqueducs d'écoulement d'une certaine importance, mais on ne saurait le recommander pour les drains de dernier ordre. L'arrangement des pierres présente une assez grande difficulté et nécessite l'emploi d'ouvriers exercés et soigneux. Le vide du canal sert d'ailleurs de refuge aux taupes et à d'autres animaux nuisibles. L'ensemble de l'ouvrage ne tarde pas, en général, à se détériorer et à s'obstruer plus ou moins complétement.

Quand le débouché est plus considérable, les figures 65, 66 et 67 représentent, en coupe, quel-

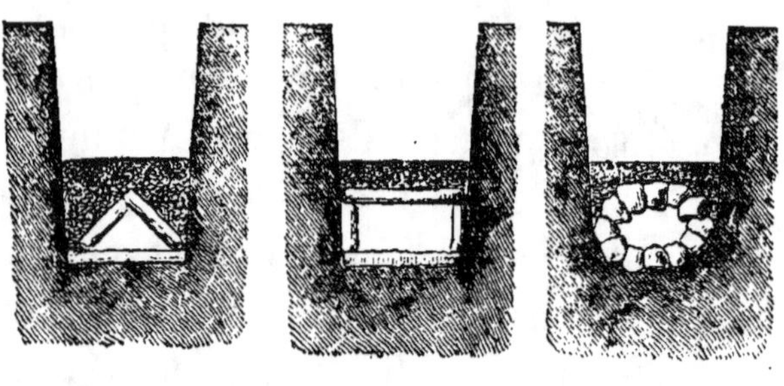

FIG. 65.   FIG. 66.   FIG. 67.

Coupes de canaux souterrains en pierres sèches.

ques-unes des formes les plus ordinairement adoptées pour la construction de ces espèces de pierrées.

La figure 68 donne la disposition exacte d'une rigole souterraine d'écoulement des eaux provenant du drainage de sources abondantes. Le profil normal de la tranchée au fond de laquelle la rigole est établie est reproduit (fig. 69).

FIG. 68.

Coupe d'un canal en pierres sèches.

(Échelle de 0,02.)

La rareté des circonstances où il convient d'employer les rigoles de cette espèce nous dispense d'ailleurs de nous y arrêter davantage.

Les drains remplis de petites pierres jetées au

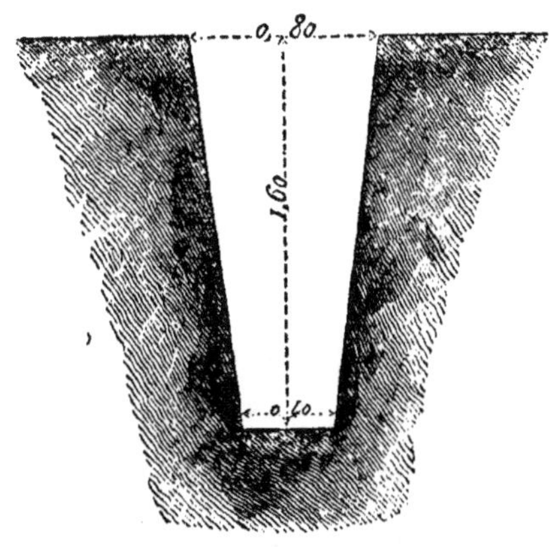

FIG. 69.

Profil d'ouverture de la tranchée
destinée à recevoir le canal en pierres.

(Échelle de 0,02.)

hasard, que l'on pourrait appeler drains à *pierres perdues*, ont été fortement recommandées par le célèbre Smeath de Deanston. Ils formaient la base de ses procédés de drainage et ont été employés sur la plus grande échelle par ses nombreux imitateurs.

Les drains de cette espèce ont rendu d'immenses services et doivent encore être préférés aujourd'hui dans certaines circonstances particulières, suffisamment indiquées par le mode même de leur construction. Il convient donc d'étudier avec soin tous les détails de leur établissement.

Les tranchées qui doivent être remplies de pierres cassées, de gros graviers ou de petits galets, ont environ $0^m,18$ de largeur au fond, et $0^m,23$ de largeur, à $0^m,58$ au-dessus de ce fond, limite à laquelle s'arrête la couche de pierres. La profondeur de la tranchée, toutes choses égales d'ailleurs, doit être un peu plus considérable que celle qui est nécessaire pour les drains à tuyaux. L'exécution de ses tranchées ne présente d'ailleurs aucune particularité remarquable.

Choix des pierres. — Quand on peut se procurer des cailloux bien propres ou des galets d'une grosseur convenable, ces matériaux doivent être préférés. A défaut de cailloux de cette espèce, on emploie des pierres parfaitement purgées de terre, et cassées de manière que les plus grosses puissent passer dans un anneau de $0^m,007$ de diamètre. De plus gros matériaux pourraient tomber au fond de la tranchée et y former, de place en place, de véritables barrages. Les petits matériaux, d'ailleurs, remplissent plus également l'espace, soutiennent mieux les parois de la tranchée et s'opposent plus efficacement aux ravages des taupes et des rats d'eau.

Le cassage des pierres ne doit pas se faire sur le bord des drains, mais bien dans des chantiers spéciaux, d'où on apporte les pierres au moyen de charrettes, et mieux de camions à bras, quand la distance n'est pas trop considérable.

Le derrière des charrettes ou camions qui servent aux transports des pierres doit être garni d'une plan-

Fig. 70.

Partie postérieure d'une voiture à transporter les pierres
pour le remplissage des drains.

che à rebord disposée, comme l'indique la fig. 70,
pour arrêter les pierres qui pourraient se répandre
sur le sol, quand on les extrait avec une pelle de l'intérieur de la voiture.

Remplissage des tranchées. — Dans les travaux
soigneusement exécutés, on ne se borne pas à jeter
pêle-mêle les pierres dans le drain ; on leur fait
subir un triage et un dernier nettoyage au moyen
d'un crible d'une forme particulière représenté par
la fig. 71. Ce crible est supporté par 4 montants

FIG. 71.

Crible pour le remplissage des drains en pierres.

verticaux de $1^m,50$ de hauteur environ, fixés aux
deux côtés d'une brouette ordinaire. On peut chan-

ger l'inclinaison du crible au moyen des vis qui le fixent aux montants. Le plan du crible supérieur est prolongé par le fond d'une auge en planches assez longue pour arriver un peu au delà du bord de la tranchée à remplir. La planche verticale a, fixée aux côtés prolongés du crible, a pour but de forcer les pierres qui roulent sur le plan incliné de l'appareil à tomber verticalement au fond de la tranchée, sans aller choquer et dégrader sa face latérale. Cette planche doit venir s'appliquer contre le bord de la tranchée opposé à celui où se trouve la brouette. Au-dessous du crible dont on vient de parler, existe un second crible plus fin, débouchant dans la brouette. Il retient les petites pierres qui ont traversé le premier crible ; il les jette dans la brouette et laisse passer la terre et les poussières mêlées aux pierres. Ces impuretés tombent sur le sol.

La longueur des cribles est de $0^m,80$ environ ; l'écartement des fils du crible supérieur varie de $0^m,04$ à $0^m,05$, et celui des fils du crible inférieur de $0^m,010$ à $0^m,015$.

L'emploi de l'instrument précédent est extrêmement simple : les pierres, prises à la pelle dans les camions dont on a déjà parlé, sont versées (et non jetées) sur la partie supérieure de l'appareil, que l'on garnit de tôle pour éviter sa trop prompte usure par le choc réitéré de la pelle en fer. Les pierres les plus grosses tombent au fond du drain, et les plus petites dans la brouette. Quand les pierres sont arrivées dans la tranchée à la hauteur voulue, on déplace un peu la brouette et on continue le remplissage. On régularise alors, sur une petite longueur, avec un râteau, la surface de l'empierrement, et on jette dessus les plus petites pierres recueillies dans la brouette. On continue ainsi sur une certaine longueur. On pilonne l'empierrement avec une espèce de dame en bois, pour le tasser et rendre la surface aussi compacte que possible, et, enfin, on remplit le drain avec la terre qui en avait été extraite.

La figure 72 représente la coupe en travers d'un drain de 1m,25 de profondeur, exécuté comme on vient de l'expliquer.

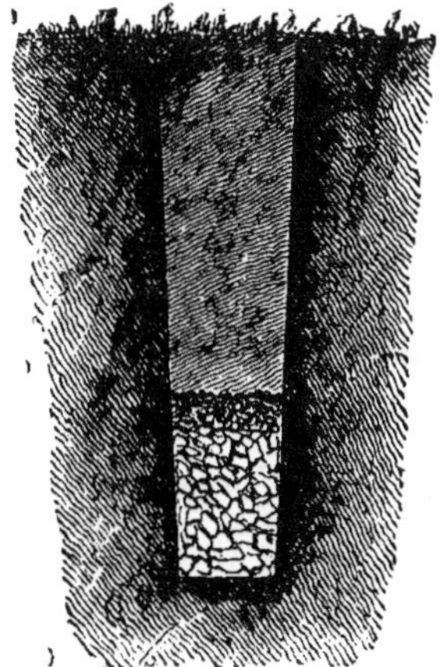

Fig. 72.

Drain garni de pierres.

Deux hommes occupés, le premier à décharger les tombereaux, le second à manœuvrer le crible, à égaliser l'empierrement et à le damer, emploient, par heure de travail, de 2,50 à 3 mètres cubes de pierre. Ce résultat, déduit d'une expérience faite très en grand, n'a pu être obtenu qu'avec d'excellents ouvriers ; il permet cependant d'apprécier approximativement la dépense de cette partie de l'opération.

On conseille quelquefois de mettre des gazons fortement tassés au-dessus de l'empierrement disposé comme on vient de le dire. Cette méthode paraît vicieuse, puisque le gazon, en se décomposant, produit un détritus très-fin qui s'introduit facilement entre les pierres, et produit ainsi l'effet auquel on voulait s'opposer. Il vaut mieux, par conséquent (cette remarque s'applique d'ailleurs aux drains à tuiles courbes, page 154), recouvrir, si on le peut, l'empierrement de gravier ou de sable, et pilonner avec soin cette couche, ainsi que la première couche de terre jetée sur elle.

Considérés en eux-mêmes, les drains empierrés sont, sous beaucoup de rapports, inférieurs aux drains à tuyaux. Ils sont, en général, plus coûteux que ces derniers, exigent plus de main-d'œuvre et des précautions plus minutieuses d'exécution. Ils doivent être moins durables, et enfin ils causent à la terre beaucoup plus de dommages, pendant leur exécution, en raison des transports considérables qu'ils exigent et de la plus grande section des tranchées.

Les drains en empierrement ne paraissent donc devoir être adoptés maintenant que dans un terrain qu'il faut épierrer. On évite des frais de transport quelquefois considérables et des pertes de terrain, en jetant dans les drains les produits de l'épierrement. Ces avantages peuvent compenser ce que la méthode, en elle-même, offre de peu satisfaisant.

Les drains à pierres perdues sont quelquefois employés, comme moyens de défense, pour préserver

un drain garni de tuyaux de l'envahissement des
racines des arbres à bois blanc. La figure 75 donne

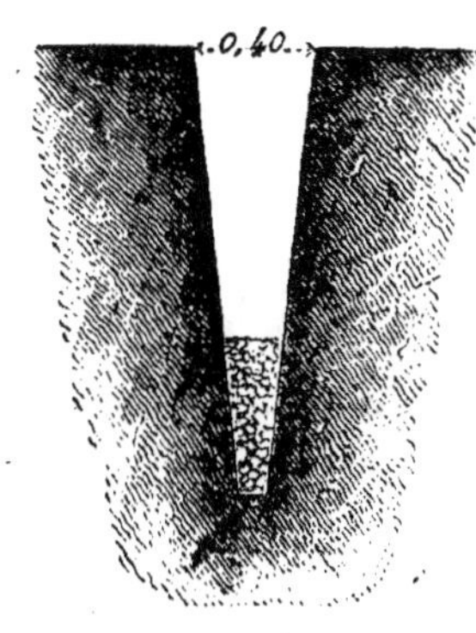

Fig. 73.

Drain de défense
avant son remplissage.

la section d'un drain destiné
à cet usage qui a été placé
entre une rangée de peupliers
et un drain à tuyaux ordinaires. Les racines développent
leur chevelu dans l'empierrement humide , et ne vont pas,
de très-longtemps, gagner les
tuyaux de terre.

On ne décrira aucune autre
espèce de drain sans tuyau.

Les différents procédés, soit
déjà anciens, soit d'invention récente, que l'on pourrait citer, ou ne méritent pas d'être mentionnés, ou
bien nécessiteraient des développements qui ne sauraient trouver place ici (1).

On en dira autant des machines à ouvrir les tranchées de drainage. Jusqu'à présent ces appareils ne
sont point entrés dans le domaine de la pratique.

---

(1) Voir la note 10.

CHAPITRE VI.

Ouvrages accessoires. — On ne parlera ici que de quelques petits ouvrages accessoires qui se rencontrent dans presque tous les drainages, et dont l'exécution mérite plus de soin qu'on ne leur en accorde ordinairement.

Regards. — On a dit (pages 57 et 64) qu'il faut établir des regards aux points de rencontre des collecteurs et aux points où leur pente diminue. Ces regards se construisent de deux manières.

La première consiste à les établir avec deux ou trois gros tuyaux à emboîtement (fig. 74 et 75), posés verticalement sur une pierre plate ou sur une large tuile, et recouverts de la même manière. Un petit enrochement, maçonné au besoin, est placé à la base de ces regards. Les tuyaux qui y aboutissent, en plus ou moins grand nombre, sont solidement posés et quelquefois entourés de maçonnerie, sur une petite longueur, pour éviter tout déplacement.

Le tuyau de décharge est placé à quelques centimètres en contre-bas du dessous des tuyaux d'amenée. Ceux-ci doivent faire un peu saillie sur la paroi intérieure du regard, pour que l'eau qu'ils amènent

Fig. 74.

Coupe d'un regard.

(Échelle de 0,05.)

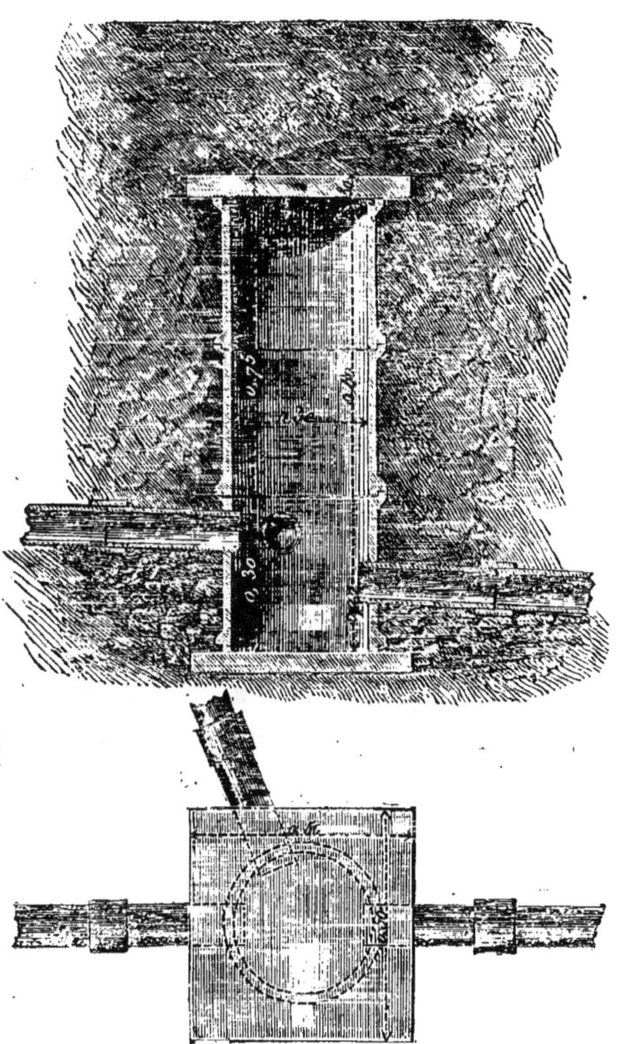

Fig. 75.

Plan d'un regard.

(Échelle de 0,05.)

tombe dans ce regard et puisse produire un son qui, du dehors, est l'indice de la marche régulière du drainage.

Quand on veut établir des regards plus importants, on les construit en pierres sèches ou maçonnées. On leur donne o^m,6o environ de largeur dans œuvre. Ordinairement, on les élève jusqu'au niveau du sol et on les ferme avec une planche ou une dalle (1).

Regards pneumatiques. — Pour éviter les obstructions calcaires dans les tuyaux destinés à écouler des eaux incrustantes, je place, à une dizaine de mètres en amont de la bouche de décharge, et à tous les points de rencontre des maîtres-drains entre eux, des regards analogues aux précédents, mais dans lesquels le tuyau d'écoulement est placé à o^m,o2 ou o^m,o5 au-dessus du tuyau d'arrivée. Par cet artifice très-simple, le dégagement d'acide carbonique dissous dans l'eau, et par suite la précipitation de carbonate de chaux, sont assez retardés pour que le dépôt ne se fasse pas dans les tuyaux.

Bouches. — Les *bouches* des drains, c'est-à-dire les points où ils arrivent aux canaux de décharge, doivent être construits en briques ou en pierres dans les drainages bien faits, et préservés par une grille en fonte ou en fer.

---

(1) Voir la note 11.

Selon que le drain débouche dans le talus ou à l'origine d'un fossé, on peut adopter la disposition indiquée par les figures 76 et 77, ou bien par les

FIG. 76.
Élévation d'une bouche dans un talus.
(Échelle de 0,05.)

FIG. 77.
Coupe par l'axe d'une bouche dans un talus.
(Échelle de 0,05.)

10

figures 78 et 79. La construction de ces bouches

Fig. 78.

Élévation d'une bouche à l'origine d'un fossé.

(Échelle de 0,05.)

Fig. 79.

Coupe d'une bouche à l'origine d'un fossé.

(Échelle de 0,05.)

n'exige que quelques briques. Cette légère dépense est largement couverte par la sécurité qui résulte de l'établissement de ces petits ouvrages pour la conservation des débouchés et le maintien du profil des fossés de décharge.

Le tuyau de drainage doit être enveloppé, sur une certaine longueur en arrivant à la bouche, dans un petit massif en maçonnerie hydraulique, ou dans un bon corroi glaiseux, pour éviter toute infiltration. Quand on ne craint pas une petite augmentation de dépense, on remplace 1 mètre environ de tuyau en terre, près de la bouche, par un tuyau de fonte ou de tôle bitumée.

La grille en fonte ou en fer qui ferme la bouche des drains doit être assez serrée pour s'opposer à l'introduction des plus petits animaux, et des corps étrangers que la malveillance pourrait tenter d'introduire dans le tuyau.

La meilleure manière de fixer cette grille consiste à la maintenir, comme l'indiquent les fig. 77 et 79, par deux boulons traversant la maçonnerie et maintenus par des clavettes, dont les têtes se trouvent sous les gazons ou le perré du talus, de manière qu'il soit facile de les enlever, si la grille a besoin de nettoyage (1).

Drains étanches. — Il est souvent nécessaire de

---

(1) Voir la note 12.

transformer un tuyau de drainage en un véritable tuyau de conduite, en le rendant étanche.

Il y a plusieurs moyens d'atteindre ce but; le plus simple consiste à remplir le fond de la tranchée, convenablement élargie et approfondie à cet effet, d'une couche de $0^m,10$ d'épaisseur d'un corroi de glaise et de sable gras arrosé d'un lait de chaux. On dépose sur ce corroi un conduit formé par l'introduction à joints croisés d'un petit tuyau dans un gros, et on le recouvre du même corroi fortement pilonné. Pour rendre l'étanchéité plus parfaite encore, on enduit, avant de poser la conduite, les joints et le petit espace annulaire qui existe entre les tuyaux du même corroi, mais un peu plus mou (1).

Élévation.

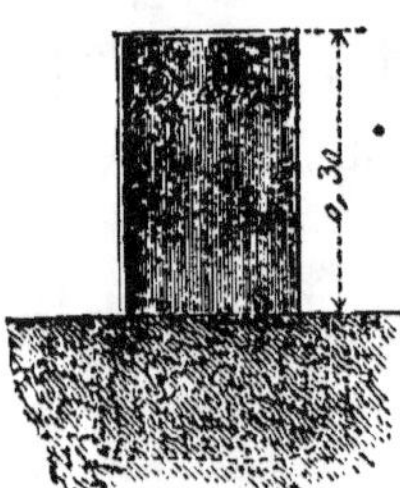

Plan.

Fig. 80 et 81.
Borne repère.
(Échelle de 0,05.)

Bornes repères. — Enfin, il convient d'indiquer la position et la direction des principaux drains par une petite borne en pierre (fig. 80 et 81), placée à leur origine, et sur la face supérieure de laquelle on grave une flèche indiquant la direction du drain. Cette précaution rend facile, pour l'avenir, la recherche des drains, si quelques réparations deviennent nécessaires.

---

(1) Voir la note 13.

Accidents des drainages. — Lorsqu'un drainage a été exécuté en observant soigneusement toutes les précautions détaillées dans les chapitres précédents, il est extrêmement rare qu'il ne fonctionne pas régulièrement et qu'il arrive quelque accident à une des parties du système de tuyaux. Cependant, il n'est pas inutile d'indiquer ici les moyens de constater et de remédier aux accidents les plus ordinaires des travaux de cette espèce.

L'obstruction d'un drain principal ou secondaire est le résultat final de tout accident survenu aux ouvrages. Cette obstruction se manifeste clairement, après les pluies, par la diminution ou la suppression totale de l'écoulement. Les bouches et les regards fournissent à cet égard des indications très-positives, et qui ne tardent pas à devenir plus précises encore par l'aspect du sol. Immédiatement en amont d'une obstruction de tuyau, la terre est plus humide que dans le reste du champ; sa couleur est plus foncée, et quelquefois même l'eau devient stagnante à la surface.

Quand ces caractères se manifestent, il faut se hâter de découvrir les drains en aval du point où l'eau surabondante manifeste sa présence, et continuer ce travail, en remontant, jusqu'à ce qu'on rencontre les tuyaux dérangés ou obstrués; on les débouche, puis on les repose avec soin pour rétablir les choses dans leur état primitif.

Les obstructions accidentelles résultent, dans le

10.

plus grand nombre des cas, de la négligence apportée à la pose des tuyaux et au remplissage des tranchées. Quand les extrémités des tuyaux ne sont pas bien en contact, que les joints ne sont pas soigneusement recouverts, que les premières couches de terre ne sont pas bien tassées, etc., il se forme dans la terre des canaux assez larges pour que l'eau qui s'introduit dans le drain entraîne des matières solides en suspension. Ces substances terreuses se déposent naturellement dans les tuyaux aux points où la vitesse de l'eau diminue, par une cause ou par une autre, et finissent par les obstruer après un temps plus ou moins long. Toutes les fois qu'un drainage fournit de l'eau trouble, on peut affirmer qu'il présente des malfaçons, et l'on doit craindre de voir, tôt ou tard, les tuyaux s'obstruer plus ou moins complétement.

Quant aux obstructions résultant de causes permanentes, telles que les racines d'arbres, les eaux calcaires incrustantes, l'introduction des animaux dans les tuyaux, etc., on a indiqué, dans les chapitres précédents, les moyens d'y remédier, et il serait inutile de revenir ici sur ce sujet, qui ne saurait être convenablement discuté que dans un traité complet (1).

____

(1) Voir la note 5 déjà citée.

TROISIÈME PARTIE.

CHAPITRE I.

CHOIX ET PRÉPARATION DES TERRES.

Les tuyaux, article de tuilerie. — La fabrication des tuyaux de drainage est une des parties de l'art du briquetier, et forme habituellement une annexe des ateliers de tuilerie et de briqueterie. On supposera, dans ce qui va suivre, le lecteur au courant des opérations générales de ces ateliers, et on s'attachera surtout à décrire les parties du travail qui se rapportent exclusivement à la production des tuyaux ou des tuiles de drainage.

Choix des terres. — Toutes les bonnes argiles à tuiles, bien purgées de pierres et de corps étrangers, conviennent à la fabrication des tuyaux de drainage. Les meilleures sont celles qui se déforment le moins au feu et fournissent, après la cuisson, les matières les plus dures et les plus sonores.

La préparation de la terre pour les tuyaux de

drainage est la même, en principe, que pour les tuiles ; elle doit seulement être faite avec plus de soin encore. L'expulsion des pierres doit être surtout l'objet d'une attention particulière.

L'argile pure est, comme on sait, formée de 60 à 75 de silice et de 40 à 25 d'alumine. A ces deux éléments viennent s'ajouter, dans les produits naturels qui servent à la fabrication des poteries grossières, de l'oxyde de fer, de la chaux combinée ou à l'état de carbonate intimement mêlé à la masse, de la silice isolée à l'état sablonneux, et quelques autres substances moins abondantes et inutiles à signaler.

Les matières employées à la préparation des tuiles ou des tuyaux de drainage doivent présenter un certain degré de plasticité, suffisant pour rendre leur travail facile, et cependant pouvoir se dessécher facilement, sans se tourmenter et sans se gercer.

Il est assez rare de rencontrer un mélange naturel offrant à la fois la réunion des qualités d'une bonne terre à tuyaux ; mais il est toujours facile de l'obtenir en mélangeant, en proportions convenables, de la terre franche, du sable, de l'argile ou de la glaise.

L'argile ou la glaise donne au mélange la plasticité nécessaire ; le sable, au contraire, sert à le dégraisser, c'est-à-dire à le rendre plus facile à sécher.

On peut également dégraisser les terres trop argileuses avec des débris de poteries pulvérisées, du mâchefer, ou des escarbilles des fourneaux, également réduits en poudre.

On doit surtout éviter la présence, dans les matières premières employées, de fragments discernables, si petits qu'ils soient, de carbonate de chaux. La cuisson transforme, en effet, cette substance en chaux vive, qui s'éteint au contact de l'eau en brisant les tuyaux.

L'analyse chimique et quelques essais en petit, à défaut de l'expérience que donne l'habitude de manier les terres, permettent de déterminer rapidement les proportions dans lesquelles il faut mêler les matières dont on dispose (1).

Préparation de la terre. — Soit que l'on opère sur une terre naturellement propre à la fabrication, ou que l'on soit obligé de mélanger plusieurs substances, il faut toujours malaxer soigneusement la matière avant de fabriquer les tuyaux. Pour cela, on fait tremper les terres coupées en petits fragments dans une fosse plus ou moins profonde, pendant un ou deux jours; puis, on la fait passer dans un tonneau broyeur, ou plutôt mélangeur, mis en mouvement par un ou deux chevaux.

Malaxage. — Les tonneaux mélangeurs employés à la préparation de l'argile ne diffèrent pas de ceux employés à la fabrication du mortier. La figure 82

____

(1) Voir la note 14.

donne tous les détails d'une très-bonne machine de cette espèce pouvant préparer par jour, avec deux chevaux, la matière nécessaire à la fabrication de

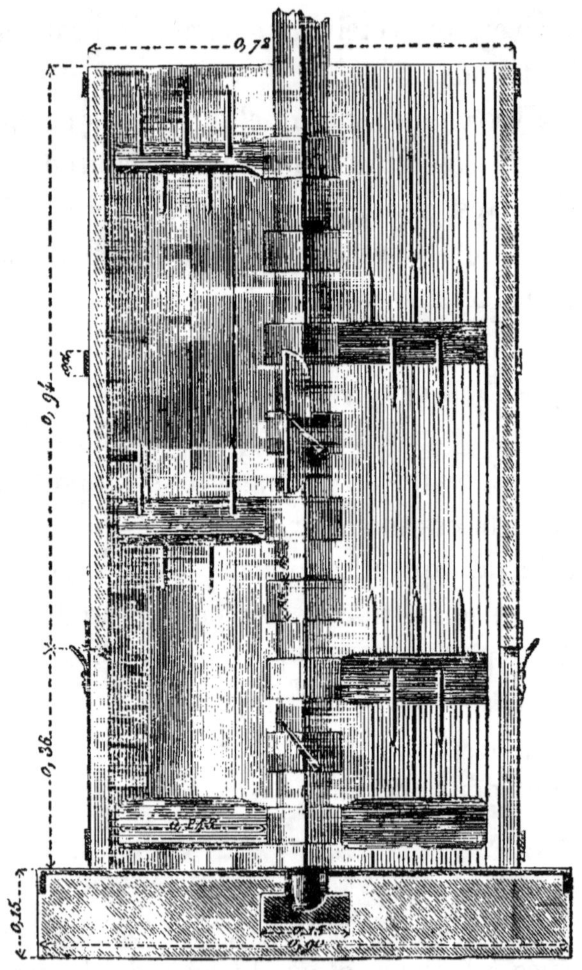

Fig. 82.

Coupe d'un tonneau mélangeur.

(Échelle de 0,066.)

20,000 petits tuyaux environ. L'espace n'a point permis de figurer la partie supérieure de l'arbre vertical des couteaux. Cet arbre est maintenu par un collier en fer, et se termine par une boîte en fonte qui reçoit la flèche en bois à laquelle on attèle le cheval. Il est d'ailleurs inutile de s'arrêter à la description de cet appareil très-simple.

Lorsque le malaxage ou le mélange des différentes terres n'est pas assez complet par un seul passage à travers le tonneau, on reprend la matière à la sortie de l'appareil, pour la faire passer une seconde et quelquefois une troisième fois. La terre sort du tonneau d'une manière continue ; on la coupe, avec un fil de laiton, en pains prismatiques, qui peuvent être immédiatement transformés en tuyaux.

A défaut de tonneau broyeur, on fait *marcher* les terres par les ouvriers, comme le pratiquent encore beaucoup de tuiliers.

Épuration. — Les terres destinées à la fabrication des tuyaux ne doivent renfermer aucun gravier de plus de 0^m,001 à 0^m,002 de diamètre. Les moyens employés pour se débarrasser des pierres plus grosses qui peuvent exister dans les matières premières varient avec les localités, les ressources dont on dispose et la nature des substances. Les principaux procédés employés sont les suivants, entre lesquels on devra choisir, selon les cas :

Pour les sables et les terres franches assez maigres, un simple passage à travers une claie en fer très-serrée est souvent suffisant. Ce moyen réussit même quelquefois pour certaines argiles qui s'émiettent par la gelée, et que l'on écrase ensuite très-facilement, en les battant sur une aire solide.

Les matières argileuses et les terres franches se débarrassent très-bien des pierres par lévigation. On délaye la masse dans un bassin avec de l'eau, et on laisse écouler par déversement la bouillie argileuse ainsi obtenue. Les pierres restent dans le bassin de délayage, et la matière fine se dépose, par le repos, dans les bassins suivants. Cette méthode exige de l'espace, une assez forte main-d'œuvre et un outillage spécial. Elle est très-rarement employée dans les fabriques de tuyaux.

Broyeur. — On se débarrasse très-souvent des graviers que renferme la terre en les écrasant, au moyen d'une machine composée de deux cylindres en fonte horizontaux, très-rapprochés et tournant en sens contraire. Ils sont surmontés d'une trémie, dans laquelle on dépose l'argile légèrement humide qui doit passer entre les cylindres.

Les figures 83 et 84, qui représentent l'élévation latérale et la vue de face du moulin à argile dont il s'agit, feront facilement comprendre la disposition de cette machine. Les cylindres en fonte a, a' ont o^m,90 de longueur environ et o^m,56 de diamètre ; leurs axes en fer b, b' tournent dans des coussinets que l'on peut éloigner ou rapprocher au besoin, à

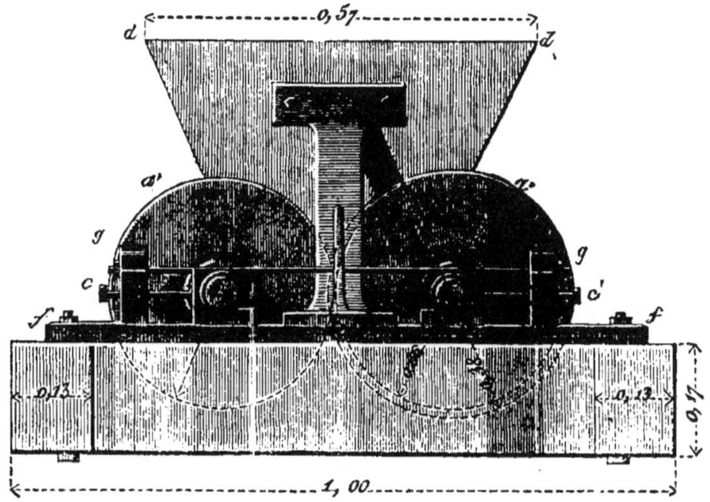

FIG. 83.

Élévation latérale d'un broyeur à cylindre.
(Échelle de 0,073.)

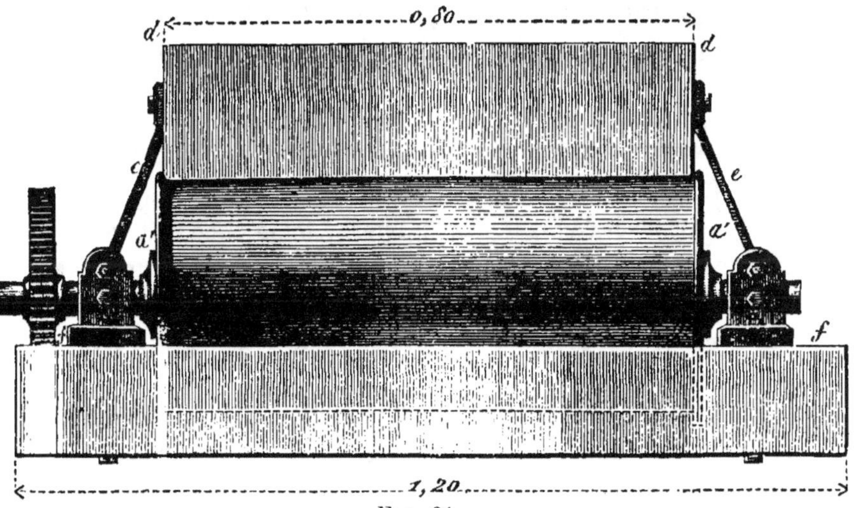

FIG. 84.

Vue de face d'un broyeur à cylindres.
(Échelle de 0,073.)

11

l'aide des vis *c*, *c'*. Le cylindre *a'* porte, à ses extrémités, deux rebords saillants qui s'opposent au déplacement longitudinal de l'autre cylindre. La trémie en bois *d*, dans laquelle on met l'argile, est maintenue au-dessus des cylindres par les pièces *e*, fixées au bâti en fonte *f* par des boulons. Ce bâti est consolidé par un tirant en fer *g g*, et repose sur un cadre rectangulaire en charpente. La surface des cylindres est débarrassée de la terre qu'ils entraînent dans leur mouvement par deux forts couteaux en fer, placés à leur partie inférieure.

Les arbres des cylindres portent à l'extrémité opposée à celle représentée par la figure 83 des roues dentées de même diamètre, engrenant l'une avec l'autre ; de sorte que le mouvement imprimé au premier cylindre se transmet au second, et qu'ils tournent ainsi, en sens contraire, avec des vitesses égales (1).

---

(1) Lorsque l'emploi de cette machine a pour but, non-seulement l'écrasement des graviers, mais encore le malaxage de la terre, on donne aux roues dentées des cylindres des diamètres différents pour que la vitesse à la surface des laminoirs soit aussi différente et que la terre éprouve un frottement considérable.

L'appareil ainsi monté prend plus de force que dans le premier cas, mais la terre reçoit, en réalité, une façon de plus, quelquefois fort utile à sa qualité. On fournit ordinairement avec chaque laminoir à terre, une paire de pignons de rechange pour varier à volonté la vitesse relative des laminoirs.

L'axe de l'un des cylindres est ordinairement réuni à l'arbre moteur du manége par un genou à la Cardan ; le manége ayant $7^m,5$ de diamètre, cet arbre moteur fait environ deux tours quand le cheval en fait un.

Les cylindres, fondus dans des moules d'argile cuite, n'ont pas besoin d'être tournés.

On place ordinairement les cylindres à $1^m,80$ ou 2 mètres au-dessus du sol, pour faciliter le service de l'enlèvement des terres.

Le produit journalier du moulin dépend de l'écartement des cylindres et de la nature de la terre. Dans les circonstances ordinaires, un moulin à un cheval fournit, par jour, l'argile nécessaire à la fabrication de 18 à 20,000 petits tuyaux.

Lorsqu'on opère sur un mélange homogène, naturel ou artificiel, la matière sortant de la machine peut servir immédiatement à la fabrication, après avoir été réunie en mottes de grosseur convenable pour être livrées à la machine à tuyaux. Lorsqu'on emploie un mélange de diverses substances, on place quelquefois les cylindres broyeurs au-dessus du tonneau mélangeur. Les matières sont versées dans la trémie des cylindres en proportions convenables, les pierres sont écrasées par les cylindres, et le tout arrive dans le tonneau, d'où le mélange sort parfaitement homogène et propre à l'emploi.

Quelquefois, la séparation des graviers a lieu dans le tonneau mélangeur lui-même, à l'aide d'une grille placée dans son fond. Enfin, dans certaines machines à tuyaux, un crible, placé en avant de la filière, retient les graviers qui gêneraient la fabrication.

En résumé, quand on peut se procurer des terres sans cailloux, il suffit de les faire passer au tonneau malaxeur, ou de les faire marcher par des hommes, pour les rendre propres à la fabrication des tuyaux. Dans le cas contraire, il faut, outre le malaxage au tonneau, se débarrasser des pierres par un criblage ou autrement, ou bien pulvériser ces graviers par un passage au laminoir. On peut, du reste, presque toujours trouver, par une recherche assez attentive, des argiles et des sables fins n'exigeant pas ces dernières opérations, assez dispendieuses.

On sait, du reste, qu'il est bon d'extraire l'argile à l'avance, et de pouvoir la laisser exposée un ou deux hivers à la gelée avant de l'employer.

CHAPITRE II.

Machines à tuyaux. — Les tuyaux de drainage se fabriquent à l'aide de machines. Ces machines peuvent se partager en deux classes : celles à action continue, et celles à action discontinue ou à piston. Ces dernières sont les plus répandues et peut-être les plus commodes pour les petites fabrications. Nous ne parlerons pas des premières, mais on pourra leur appliquer en partie ce qui va suivre , la partie essentielle de toutes les machines à tuyaux, c'est-à-dire la filière, se retrouvant dans tous les appareils. D'ailleurs, il s'agit seulement ici de faire comprendre le principe des machines, dont une étude détaillée serait sans intérêt (1). On se bornera donc à la description d'une machine à piston (2).

Dans l'appareil que nous prenons pour exemple (fig. 85 et 86), la terre corroyée est déposée en gros pains dans une caisse prismatique *a a* (fig. 85), qui se ferme par un couvercle à charnière *b*. La face antérieure de la machine est formée d'une filière,

---

(1) L'Administration fait ordinairement choisir et recevoir à Paris les machines qu'elle envoie aux ingénieurs.

(2) Voir la note 15.

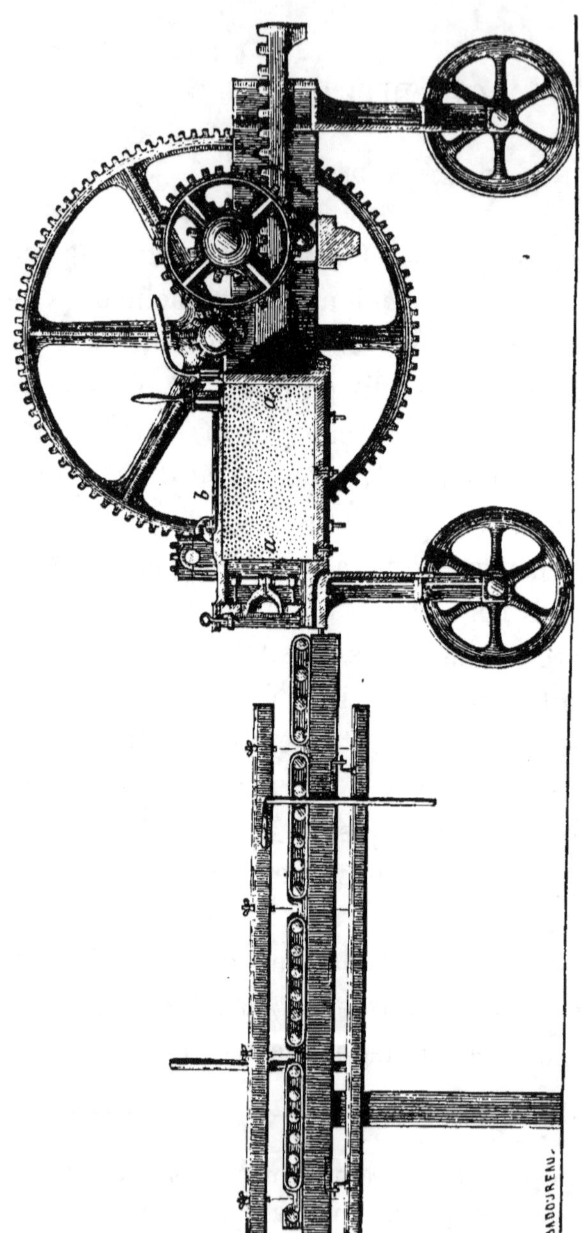

Fig. 85.

Coupe en long d'une machine à fabriquer les tuyaux de drainage.

(Échelle de 0,05.)

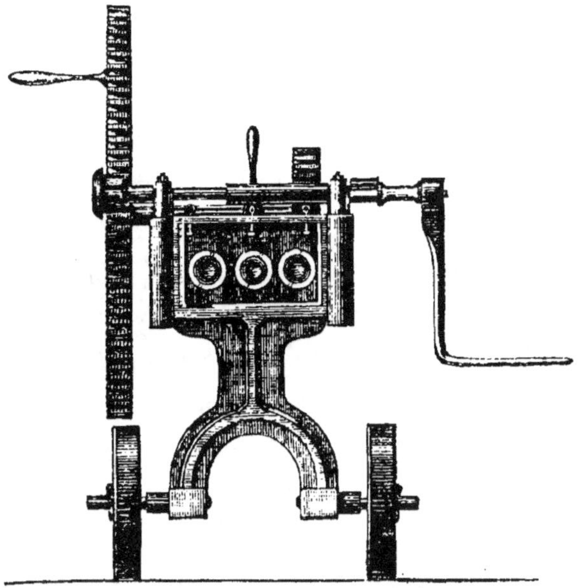

FIG. 86.

Vue de face d'une machine à fabriquer les tuyaux de drainage.

(Échelle de 0,05.)

appareil que représente à une plus grande échelle la figure 87.

Coupe par l'axe d'un trou.

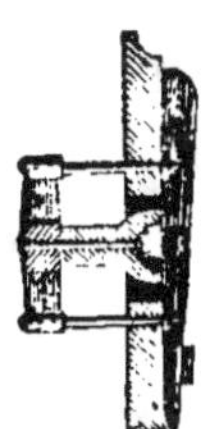

Vue extérieure.

FIG. 87.

Filière à quatre trous.

(Échelle de 0,10.)

Lorsque le piston c (fig. 85) est mis en mouvement par l'action des roues dentées, engrenant avec la crémaillère qui forme sa tige, il comprime la terre dans la caisse qui la renferme, et la force à sortir, sous forme de tube continu, à travers les espaces annulaires que présentent les filières.

Les tubes, en sortant des filières, sont reçus par les toiles sans fin que portent les cylindres mobiles $e\,e$ (fig. 85). Quand les tuyaux occupent la longueur entière de ces toiles sans fin, on les coupe de longueur convenable, à l'aide des fils d'un appareil particulier dont le dessin montre assez bien la disposition.

Pour nettoyer la machine, on emploie une curette

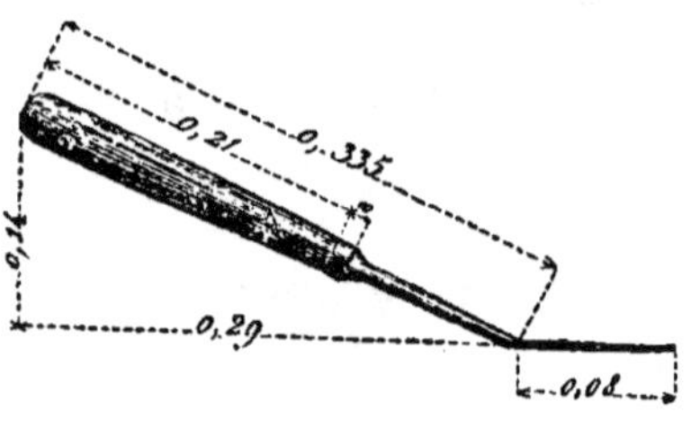

(fig. 88) analogue aux grattoirs des peintres en bâtiment.

Quand un gravier échappé à la préparation de la terre, une feuille, une paille, ou tout autre corps étranger s'engage dans la filière, il produit dans le tuyau une fissure longitudinale qui le rend impropre à tout em-

Fig. 88.

Curette.

(Échelle de 0,10.)

ploi. Lorsque le corps étranger n'est pas très-gros,

on l'arrache, de l'extérieur, à l'aide d'un petit crochet en fer. Si ce moyen ne peut réussir, il faut faire reculer un peu le piston, ouvrir la boîte et la vider pour enlever l'obstacle qui entrave la sortie des tubes.

Les tuyaux, coupés de longueur sur les toiles sans fin, sont enlevés, pour être portés au séchoir, par des enfants, qui les soulèvent en introduisant dans leur intérieur des baguettes de diamètre convenable, réunies en forme de râtelier (fig. 89) au nombre de deux, trois ou quatre sur un même manche. Mais, avant de passer à cette seconde période de l'opération, il est nécessaire d'expliquer la fabrication des colliers, des tubes de raccordement et des tuiles courbes.

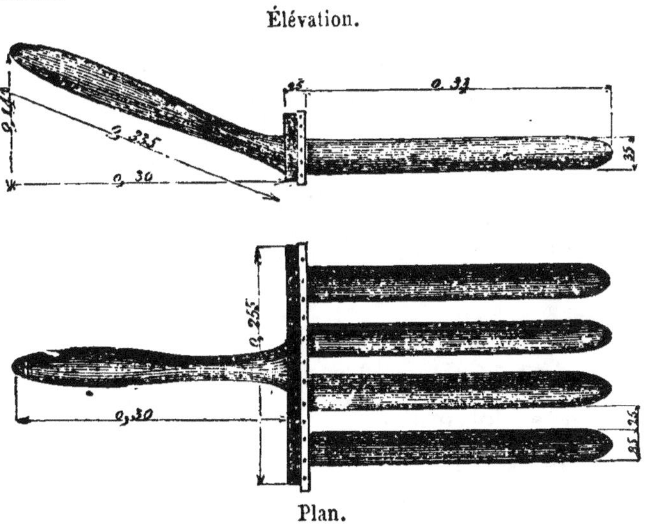

Fig. 89.

Râtelier pour l'enlèvement des tuyaux frais.
(Échelle de 0,10.)

11.

Colliers. — Les colliers se fabriquent d'une manière très-simple : on prépare des tubes d'un diamètre convenable et à peu près de la longueur ordinaire. Quand ils sont en partie séchés, on les roule sur une planche rectangulaire (fig. 90), garnie de deux ou trois lames d'acier faisant une saillie égale à la moitié environ de l'épaisseur du tuyau et espacées entre elles de la longueur que l'on veut donner au collier. Le tuyau se trouve ainsi partagé en tronçons qui n'ont plus entre eux qu'une assez faible adhérence. On termine le séchage, et l'on cuit comme les autres les tuyaux ainsi préparés. Après le défournement, il suffit d'un coup sec donné à faux pour séparer les tronçons du tuyau et obtenir les colliers.

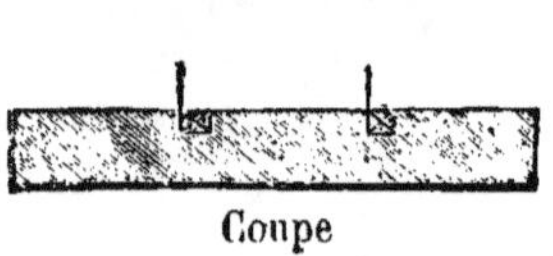

Plan.

Coupe

Fig. 90.

Planche à couper
les colliers.

(Échelle de 0,10.)

Raccordements. — Les ouvertures circulaires latérales que doivent présenter les tuyaux destinés à former des regards, ou des raccordements d'une ligne de drains avec une ligne d'un ordre plus élevé, sont exécutées à la main, sur les tuyaux à moitié desséchés, par des enfants munis d'un compas grossier ou d'un patron, et d'un petit couteau avec lequel ils coupent la terre argileuse.

Tuiles de drainage. — Les tuiles de drainage pourraient se fabriquer à la machine, en remplaçant les filières annulaires par des filières présentant une section en forme de fer à cheval. Mais, en général, cette fabrication, si analogue à celle des tuiles faîtières, s'exécute à la main.

Nous avons indiqué précédemment les motifs qui donnent aux tuyaux une véritable supériorité sur les conduits établis avec des soles et des tuiles. Cependant, l'emploi des tuiles de drainage est encore très-répandu dans certaines parties de l'Angleterre, où les travaux ainsi exécutés fonctionnent d'une manière satisfaisante. D'ailleurs, beaucoup de personnes qui ne voudraient pas faire la dépense d'une machine à tuyaux avant de connaître les effets du drainage sur leurs terres n'hésiteront pas à faire quelques essais avec des tuiles, que l'on peut commander dans toutes les briqueteries, et qui, faites à la main, n'exigent qu'une dépense insignifiante d'outillage. Nous croyons donc utile de décrire cette fabrication, d'ailleurs très-simple en elle-même, et que nous avons eu l'occasion d'étudier en détail.

La terre, convenablement préparée, est coupée et façonnée en galettes rectangulaires de grandeur proportionnée à celle des tuiles. Les enfants qui préparent ces galettes les déposent sur un petit banc placé auprès de la table de moulage.

Le premier outil nécessaire à la fabrication des tuiles creuses est un cadre en bois ou en fer (fig. 91),

FIG. 91.
Cadre à mouler les tuiles.
(Échelle de 0,10.)

dont la surface est égale à celle de la tuile développée, et dont les bords ont l'épaisseur de cette même tuile. Le mouleur applique ce cadre sur une pièce de bois, ou mieux sur une pierre bien dressée, posée à l'un des bouts de sa table. Il saupoudre de sable sec l'intérieur de ce cadre et la pierre qui lui sert de fond, puis il y applique, en la pressant avec les mains, une des galettes de terre dont on a parlé. Après avoir, autant que possible, régularisé la surface de la terre, il passe dessus un rouleau mouillé, appuyé par ses extrémités sur les bords du cadre, et qui unit parfaitement la surface de l'argile, et retranche les parties en saillie.

L'ouvrier enlève alors le cadre sans altérer les arêtes de la plaque d'argile molle, puis il la soulève adroitement et l'applique, pour lui donner la forme voulue, sur le moule en bois (fig. 92), préalablement saupoudré de sable.

Un enfant reprend alors le mandrin sur lequel est

la tuile et la porte au séchoir. Le mandrin en bois,

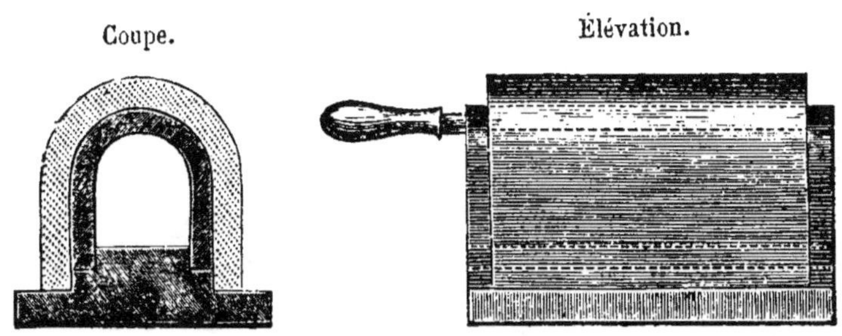

FIG. 92.

Mandrin à mouler les tuiles.

(Échelle de 0,10.)

comme l'indique la coupe, se compose de deux parties ; la semelle a et le mandrin courbe $b\,b'$, qui se
pose sur la seconde entaille de la semelle tandis que
la tuile molle descend jusqu'à la première retraite de
cette même semelle. Il résulte de cette disposition
qu'en soulevant la tuile sur son mandrin $b\,b$, par le
manche c, pour la porter sur les planches du séchoir,
il reste un jeu suffisant pour enlever sans peine ce
mandrin. Chaque mouleur n'a besoin que d'une semelle a, mais il lui faut un certain nombre de man-
drins, afin d'en avoir toujours un à sa disposition,
pour façonner une nouvelle tuile pendant que son
aide porte les précédentes au séchoir.

Les tuiles ont généralement $0^{m},30$ de longueur.
On les désigne par la grandeur de leurs ouvertures
mesurée de b en b' (fig. 92).

Un bon ouvrier mouleur, activement servi, peut fabriquer par jour :

>   1,000 tuiles de 0^m,076 d'ouverture.
>   900 tuiles de 0^m,101
>   800 tuiles de 0^m,152
>   500 tuiles de 0^m,203

La fabrication des soles plates, que l'on pose sous les tuiles courbes, ne diffère en rien de celles des tuiles plates ordinaires, et ne demande aucune explication spéciale.

Séchage. — Revenons au séchage des tuyaux,

On a proposé d'employer comme séchoirs de véritables étuves, où l'on élèverait la température jusqu'à 70 degrés. Mais, en général, les séchoirs sont de simples hangars semblables à ceux de nos tuileries, et dans lésquels on dispose les tuyaux à plat sur des étagères horizontales.

Les figures 93 et 94 indiquent la disposition la plus simple qu'il soit possible de donner à une construction de cette espèce. Les fermes sont en planches de champ. Elles sont réunies par des voliges recouvertes d'un papier goudronné. Un pareil hangar ne revient pas à plus de 4 à 5 francs le mètre carré, et dure une douzaine d'années.

Les étagères sont disposées sous ce hangar de manière à laisser entre elles un passage suffisant pour le transport des tuyaux. Au milieu se trouve ménagée une large travée dans laquelle on fabrique les tuyaux. On fait avancer la machine au fur et à mesure du remplissage des étagères, pour que le transport des tuyaux fraîchement moulés soit le moindre possible.

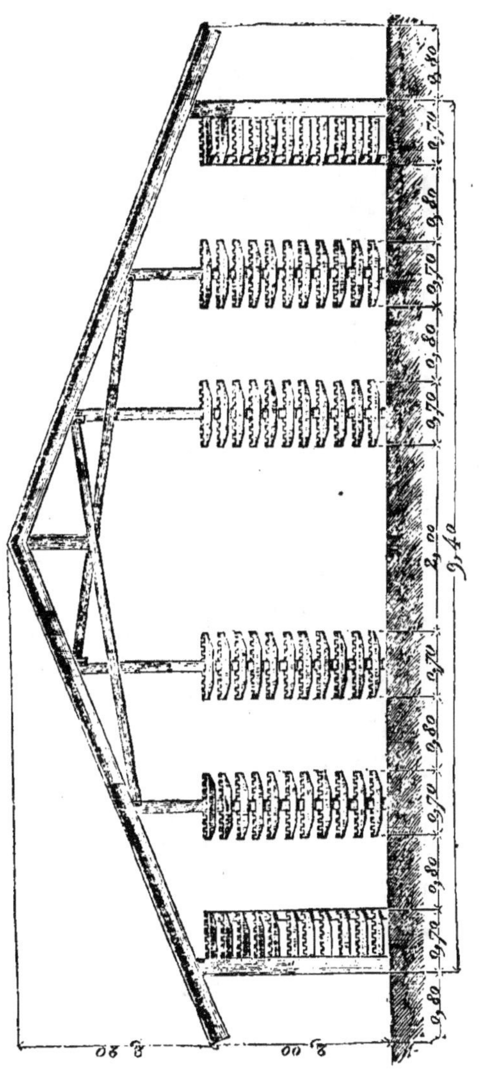

FIG. 93.

Coupe en travers d'un séchoir à tuyaux.

(Échelle de 0,01.)

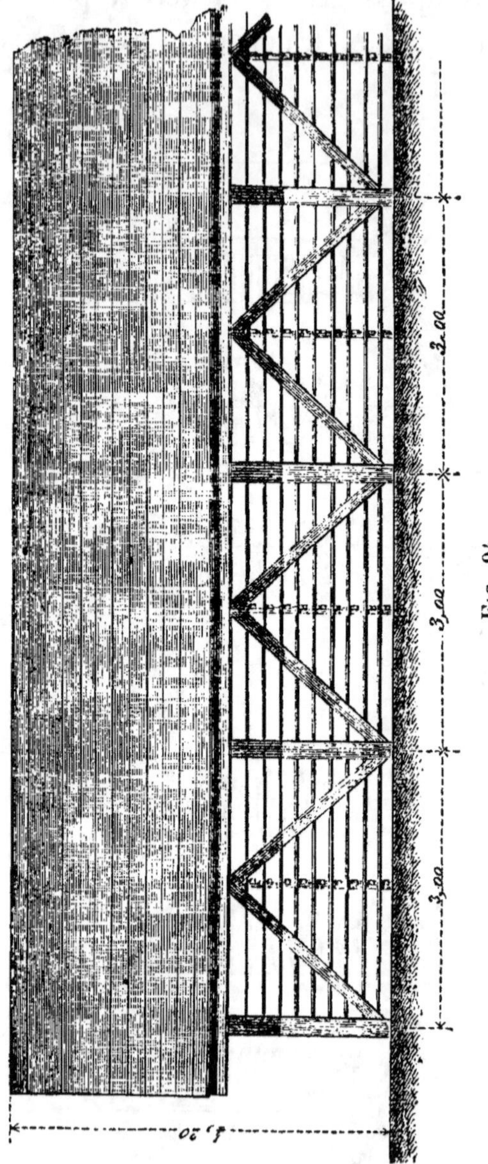

Fig. 94.

Élévation latérale d'une portion de séchoir à tuyaux.

(Échelle de 0,01.)

La figure 95 indique le détail du mode de construction le plus convenable des étagères de séchoirs.

Vue de face d'une portion d'étagère. Élévation latérale d'une étagère.

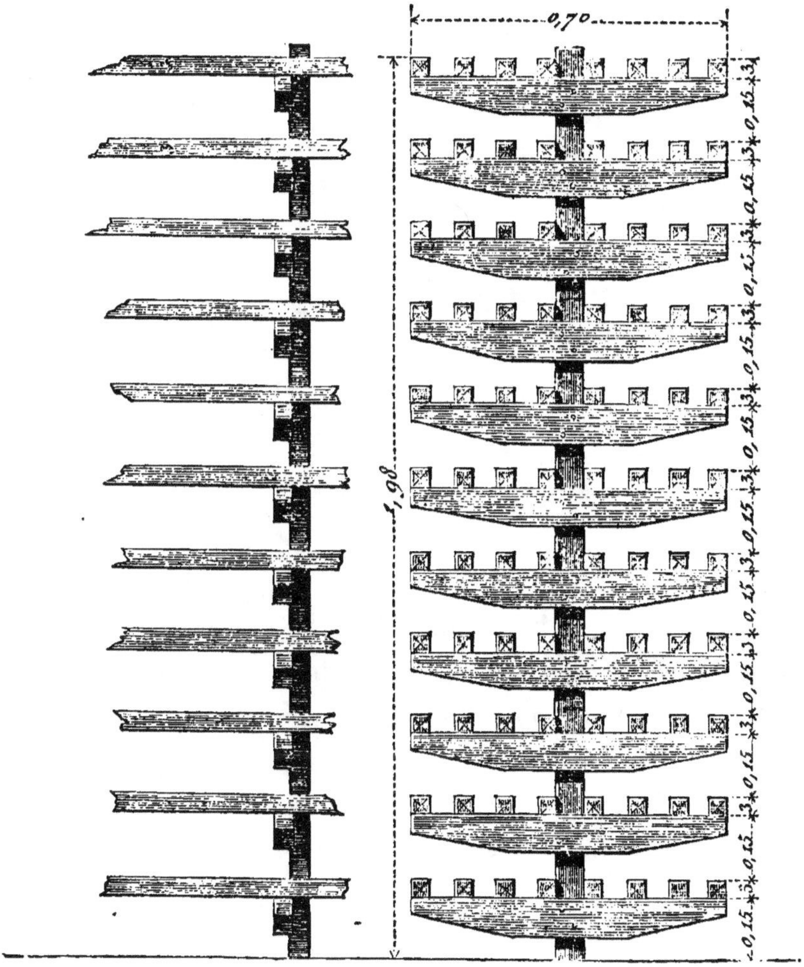

FIG. 95.

Étagères de séchoirs.

(Échelle de 0,05.)

Les pièces verticales qui supportent les traverses horizontales sont enfoncées dans le sol de manière à donner au système une stabilité suffisante. On les place à une distance de 1ᵐ,50 à 3 mètres les unes des autres.

Dans une fabrique, il faut avoir un certain nombre de séchoirs portatifs (fig. 96) ; ils servent à placer les

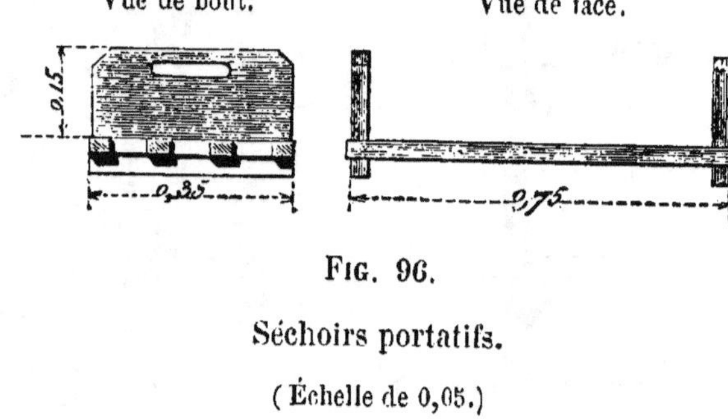

Fig. 96.

Séchoirs portatifs.

(Échelle de 0,05.)

tuyaux à l'air quand le temps le permet, à les transporter, au besoin, d'une place à l'autre et même, quelquefois, à constituer sans hangar fixe un séchoir très-convenable pour une fabrication passagère.

Dans ce dernier cas, on met les séchoirs portatifs en longues, piles les unes snr les autres, et on les recouvre simplement avec des nattes en paille ou des voliges, formant une sorte de toit mobile.

Les séchoirs doivent être protégés du côté du vent par des nattes de paille, des toiles ou des panneaux de voliges, que l'on déplace suivant le besoin et l'état d'avancement de la dessiccation.

Pendant le séchage, on doit retourner de temps en temps les tuyaux, en les changeant de place.

Roulage. — Lorsque la dessiccation est assez fortement avancée, on fait rouler les tuyaux un à un, sur une pierre unie portée sur une brouette (fig. 97),

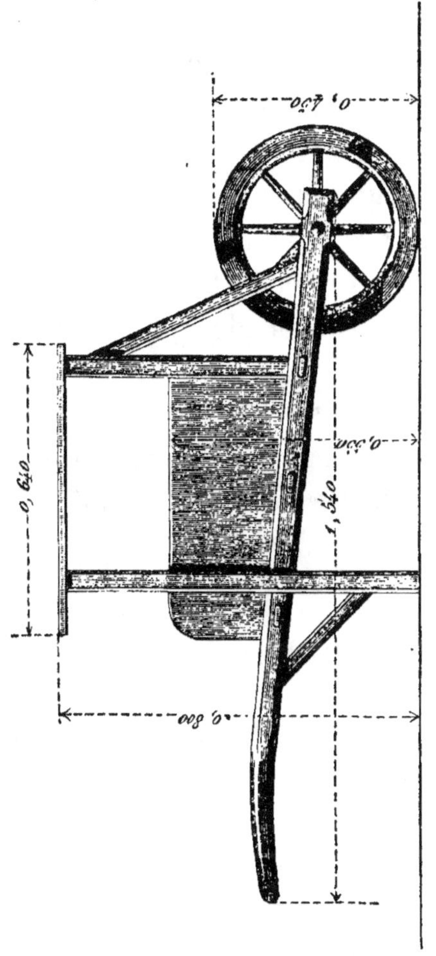

Fig. 97.

Table mobile pour rouler les tuyaux.

(Échelle de 0,05.)

que l'on transporte successivement le long des séchoirs. Cette opération a pour but de régulariser les
tuyaux et de faire disparaître les déformations qui
se produisent quelquefois pendant le séchage, surtout quand l'argile était un peu trop molle. Ce roulement des tuyaux, avant le dernier séchage et la
mise au feu, est absolument indispensable pour
obtenir des tuyaux de forme très-régulière.

Les petits tuyaux peuvent se rouler simplement
entre la pierre dont on vient de parler et une planche rectangulaire, à peu près de même dimension,
garnie de deux poignées sur sa face supérieure.

Pour les tuyaux d'un plus gros calibre, il convient de procéder autrement. On y fait entrer librement un cylindre en bois (fig. 98), et on les roule

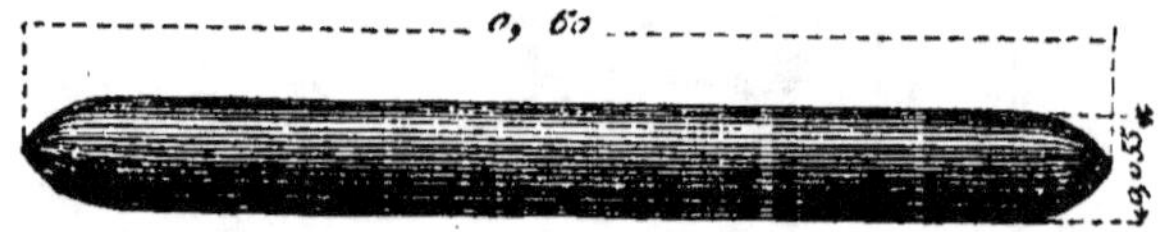

FIG. 98.

Cylindre pour le roulage des gros tuyaux.

(Échelle de 0,10.)

sur la pierre plate, en saisissant avec les deux mains
les extrémités du cylindre en bois qui dépassent le
tuyau de terre.

Lorsque les tuyaux sont presque complétement
secs et qu'ils ne peuvent plus se déformer sans se
briser, il est très-utile, si le roulement de la fabri-

cation ne s'y oppose pas, de les empiler pendant quelques semaines les uns au-dessus des autres, en tas réguliers de 2 ou 3 mètres de hauteur, à l'abri des intempéries et dans un endroit sec.

La pression longtemps soutenue à laquelle ils sont ainsi soumis pendant l'achèvement de leur dessiccation s'oppose à toute flexion dans le sens longitudinal, et rectifierait même celle qui aurait pu se produire. D'un autre côté, l'humidité que la cuisson seule peut chasser se répartit, sans doute, plus uniformément dans le tuyau, et, en résumé, l'expérience prouve que la cuisson s'opère mieux, avec moins de déchet et moins de déformations que lorsqu'on néglige cette précaution, qui offre, en outre, l'avantage de réduire notablement le développement des étagères nécessaire à une fabrication donnée.

CHAPITRE III.

Disposition des tuyaux dans les fours. — Tous les fours à tuiles peuvent servir à la cuisson des tuyaux de drainage. Les tuyaux sont disposés verticalement les uns à côté des autres. Quand on cuit en même temps, ce qui a presque toujours lieu, des tuyaux de grosseurs différentes, on introduit les plus petits dans les plus gros, pour ménager la place et s'opposer à l'irrégularité que produiraient, dans le tirage, des canaux entièrement libres et d'un fort diamètre.

Forme des fours. — Les fabricants spéciaux de tuyaux de drainage emploient généralement, dans les établissement d'importance moyenne, un four à coupole dont les figures 99 et 100 indiquent suffisamment la disposition.

Le combustible est placé sur les grilles des alandiers disposés à la circonférence de la base du fourneau.

La figure ne représente pas les carneaux construits dans le prolongement des alandiers, ni le parquet en briques sèches posées en échiquier à jour au-dessus des carneaux qui composent les conduits

Fig. 99.

Four à coupole.

(Échelle de 0,01.)

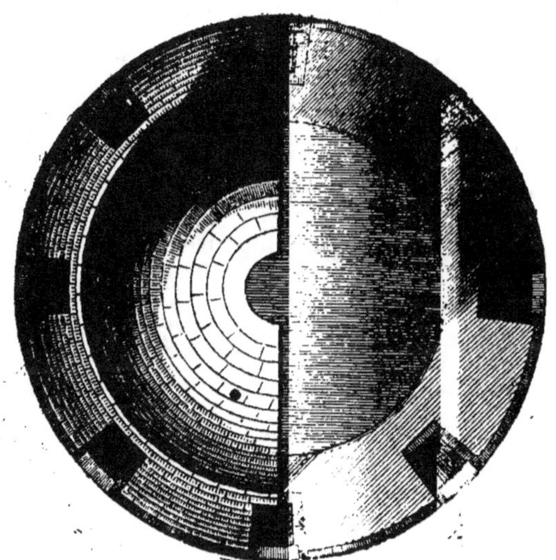

Fig. 100.

Plan en dessus et coupe horizontale d'un four à coupole.

(Échelle de 0,01.)

de flamme, et sur lequel on place ces tuyaux. Ces détails ne pourraient être rendus que par une figure à grande échelle. Ils ne diffèrent pas, d'ailleurs, des parties analogues des fours à tuiles ordinaires, dont tous les ouvriers briquetiers connaissent parfaitement la disposition.

Le fourneau que l'on vient de décrire est en brique commune, garni intérieurement d'une chemise en argile réfractaire. Quelques fourneaux sont même entièrement en terre, et construits d'une manière analogue aux ouvrages en pisé.

On peut cuire à la fois, dans un four de cette espèce, 3o à 35,000 tuyaux de o^{m},o45 de diamètre extérieur, disposés verticalement les uns au-dessus des autres. La cuisson dure de 35 à 55 heures et consomme 3 à 4 tonnes environ de houille de qualité moyenne.

On défourne 24 ou 56 heures après l'extinction du feu, en démolissant la cloison légère établie, après l'enfournement, dans la porte ménagée dans la paroi du four.

Deux fours semblables au précédent suffisent pour cuire le produit de la fabrication d'un bon tonneau broyeur et de deux machines analogues à celle représentée par les figures 85 et 86.

En supprimant les grilles et en modifiant légèrement la forme des alandiers, on peut employer du bois ou des fagots, au lieu de houille, dans le four précédent.

Le pouvoir calorifique du bois et des fagots est trop variable, avec la qualité de ces produits, pour qu'il soit possible d'indiquer d'une manière exacte la quantité de ces matières nécessaire à la cuisson d'une fournée de tuyaux. En général, la houille doit être préférée au bois toutes les fois que son prix n'est pas trop élevé.

Les figures 101 et 102 indiquent la disposition d'un four de campagne provisoire entièrement en terre, à l'exception des carneaux et des alandiers. Ce four est circulaire, il a $5^m,5o$ de diamètre et $2^m,15$ de hauteur environ. La terre damée qui forme les murs peut être prise, si elle est de bonne

Fig. 101.

Four de campagne en terre.

(Échelle de 0,01.)

12

Coupe au niveau des alandiers.   Plan supérieur.

Fig. 102.

Four de campagne en terre.

(Échelle de 0,01.)

qualité , dans une tranchée de 1^m,20 ouverte au pied du fourneau, et dans laquelle débouchent les alandiers, au nombre de trois quand on consomme du bois, et de quatre, si l'on employait de la houille.

Il entre environ 1,200 briques dans la construction de ces parties de fourneau. Il en faudrait un peu moins pour un four à houille, mais on aurait besoin, en outre, de quelques barres de fer pour former les grilles.

Le four que l'on vient de décrire coûte de 125 à 150 francs. Il peut contenir (1) environ 30,000 tuyaux de $0^m,035$ de diamètre.

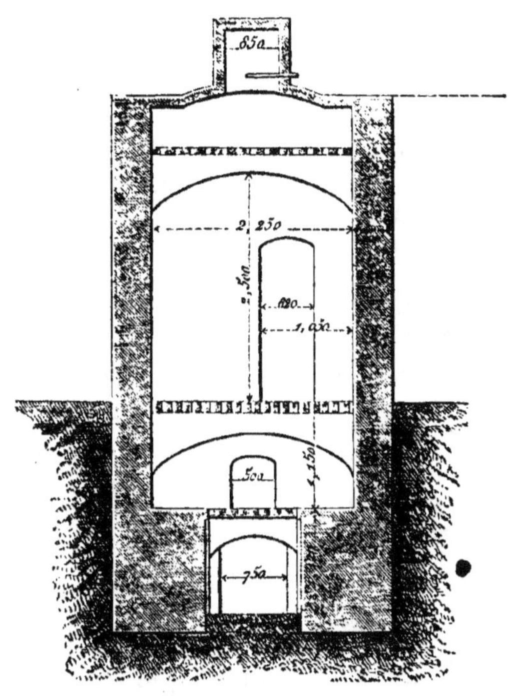

FIG. 103.

Coupe suivant e, f, g, h de la figure 105.

(Échelle de 0,01.)

---

(1) On peut évaluer d'avance, d'une manière approximative, le nombre de tuyaux cylindriques qu'il est possible de placer les uns à côté des autres dans un espace donné, en prenant les 6/7 du rapport de la section des tuyaux à celle

Le four précédent donne une cuisson moins égale que le four à coupole. Les tuyaux placés à la partie supérieure doivent toujours être passés au feu une seconde fois. Il est d'ailleurs inutile d'ajouter que le four doit être construit sous un hangar léger, pour le mettre à l'abri de la pluie.

Les figures 103, 104 et 105 donnent les détails de construction d'un petit four très-commode et fort économique.

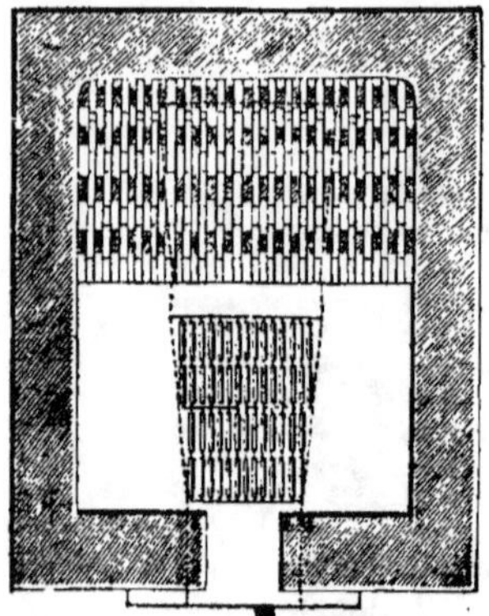

Fig. 104.

Plan suivant *a*, *b*, *c*, *d* de la figure 105.
(Échelle de 0,01.)

Ces figures n'exigent aucune explication particulière. Ordinairement, on réunit 2 ou mieux 4 fours semblables autour d'une même cheminée.

Dans ce dernier cas, il y en a toujours deux en feu pendant que l'on charge, que l'on décharge ou que l'on répare les deux autres.

Un seul chauffeur à la fois suffit pour les diriger.

Chacun de ces fours peut contenir 8 à 12,000 tuyaux. La consommation en combustible, par

---

de l'espace donné. Dans un four cylindrique d'un rayon R, chaque étage de tuyaux d'un diamètre r en contiendra 6/7. $\dfrac{R^2}{r^2}$.

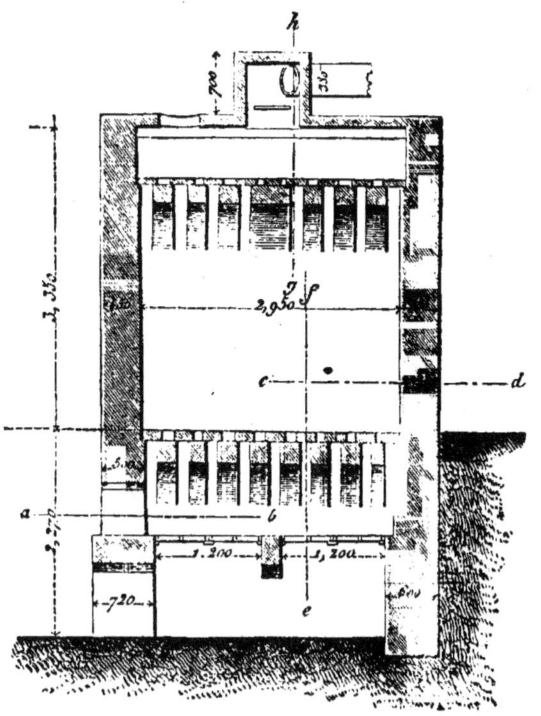

FIG. 105.

Coupe longitudinale d'un four rectangulaire à tuyaux.
(Échelle de 0,01.)

mètre de tuyaux cuits, n'est que peu supérieure à
celle des fours à coupole. Mais ceux-ci sont plus
faciles à conduire et donnent, à soins égaux. une
cuisson plus régulière.

12.

INSTRUCTIONS PRATIQUES SUR LE DRAINAGE.

NOTES ET ADDITIONS.

NOTE 1.

EFFETS DU DRAINAGE.

Les faits énoncés dans le texte exigent quelques développements pour être mieux compris et plus complétement appréciés.

Le sol arable, considéré d'une manière générale, se compose de particules plus ou moins grosses, depuis les pierres et les graviers jusqu'à la poussière la plus impalpable. Ces diverses particules, en raison de leur variété de forme et de grosseur, ne sauraient être en contact intime ; de sorte qu'il existe entre elles une série de vides communiquant les uns avec les autres et formant de véritables canaux non interrompus. Mais examinées isolément, les diverses particules qui composent la terre sont elles-mêmes plus ou moins poreuses ; de sorte que, dans un terrain donné, existent toujours deux séries de petites

cavités, les unes *intérieures* aux particules consti-
tuantes du sol, les autres *extérieures* à ces particules,
produites par l'ensemble des vides laissés entre elles
et formant, par leur réunion, une infinité de canaux
irréguliers communiquant les uns avec les autres.
Telle est, d'une manière abstraite et générale, la constitution physique du sol arable, dont il faut bien se
rendre compte pour comprendre les explications qui
vont suivre.

Si le sol est absolument sec, tous les pores inté-
rieurs des particules et les vides laissés entre elles
et formant le réseau de canaux continus dont on vient
de parler, sont naturellement remplis d'air. Les
graines confiées au sol et les racines des plantes sont
parfaitement approvisionnées de ce gaz, mais tout à
fait privées d'eau. Au contraire, si l'eau remplit les
pores et les canaux, le sol est très-*mouillé*, et les
plantes aquatiques pourraient seules y prospérer.
Enfin, si les pores sont remplis d'eau et que les
canaux contiennent de l'air, le sol est *humide*, mais
il n'est pas *mouillé*; la terre paraît alors imbibée
d'eau, mais elle s'écrase sans faire pâte entre les
mains. Les graines et les racines sont à la fois en
contact avec l'air et avec l'eau. C'est l'état le plus
favorable à la végétation.

La considération abstraite des différents états du
sol que l'on vient d'indiquer, permet de se rendre
assez nettement compte d'un certain nombre de phénomènes. En y réfléchissant, on comprend, par

exemple, que du rapport des vides aux canaux, résultent la plupart des différences physiques constatées dans les propriétés des sols par rapport à l'eau.
Cherchons à tirer de ces considérations quelques
conclusions pratiques.

Le premier cas est celui de l'extrême sécheresse.
Il n'y a pas à l'examiner maintenant. Si l'on ajoute
de l'eau à un sol dans cet état, elle pénétrera dans
les canaux et de là, par suite de l'attraction capillaire, dans les pores; de sorte que si le liquide
n'arrive qu'en proportion convenable, les canaux se
videront d'eau et se rempliront d'air, et le sol sera
seulement humide. Si, au contraire, l'eau arrive en
excès, après avoir rempli les pores, elle remplira les
canaux et la terre sera mouillée; c'est l'état après les
pluies des terres non drainées, soit artificiellement,
soit naturellement par leur position sur un sous-
sol perméable.

Cela posé, on conçoit que si l'on ouvre une tranchée garnie ensuite de tuyaux d'écoulement dans un
terrain mouillé, l'eau contenue dans ces canaux ou
fissures du sol, sollicitée par l'action de la pesanteur, s'écoulera dans le drain par les canaux eux-
mêmes, tandis que l'eau des pores, retenue par une
action capillaire énergique, n'obéira point à l'action
de la pesanteur et restera dans le sol. Ce qui explique comment le drainage peut empêcher une terre
d'être *mouillée* sans cependant lui ôter sa *fraîcheur*.

On peut se rendre compte, d'après ce qui précède, de la hauteur à laquelle le plan d'eau dans les canaux du sol s'arrêtera dans un champ donné. Il est clair que le niveau de cette eau stagnante sera supérieur à celui du drain d'une quantité égale à la hauteur due à la force capillaire, et que cette hauteur s'accroît, en s'éloignant du drain, d'une quantité égale à la pente nécessaire pour assurer l'écoulement de l'eau dans les fissures, eu égard au frottement qu'elles opposent au mouvement du liquide. On indiquera plus loin quelques-unes des expériences qui permettent de vérifier ces considérations générales.

On doit remarquer d'ailleurs que la couche de terre où pénètre l'eau élevée par l'action capillaire dans les fissures du sol ne forme pas une tranche limitée par une surface mathématique. Les fissures ne sont point toutes également étroites, de sorte que l'eau s'y élève à des hauteurs différentes. La zone capillaire, si l'on peut s'exprimer ainsi, renferme donc une certaine quantité d'air contenue dans les canaux que l'eau ne peut atteindre.

Dans les terrains sujets à souffrir d'un excès d'eau même passager, le drainage rendra cet immense service, de faciliter la division du sol par les labours ou autrement, en empêchant la terre de garder l'excès d'eau qui la transforme en pâte et fait que l'action des instruments de culture, loin d'augmenter la perméabilité et la division du terrain, ne fait que la transformer en mottes plus compactes et plus

dures. Ces mottes se gercent par le desséchement et
se divisent en fragments plus ou moins volumineux,
mais deviennent incapables d'absorber l'humidité
atmosphérique pendant les nuits. Le drainage, destiné à entraîner l'excès d'eau, assure donc de cette
manière, jusqu'à un certain point, la fraîcheur des
terres. Ce résultat, paradoxal en apparence, est cependant très-réel et se produit d'ailleurs par un
second phénomène, indépendant du précédent, et
sur lequel on reviendra plus loin.

On se demande souvent comment des canaux placés à une grande profondeur sous des sols argileux,
compactes et imperméables, peuvent recevoir les
eaux qui tombent à la surface; comment, en un
mot, de pareils terrains acquièrent par le drainage
une porosité relative qui paraissait opposée à leur
constitution.

La nature même de l'argile explique ce résultat.
Quand cette espèce de terre est mouillée, elle forme
une masse homogène compacte et imperméable à
l'eau; mais quand elle se dessèche, elle se fendille
d'elle-même, et les fissures produites, communiquant
les unes avec les autres, se ramifient en tous sens et
donnent à la terre une véritable porosité. Or, quand
on ouvre une tranchée dans une masse argileuse et
que l'on place des tuyaux ou des pierres dans cette
tranchée, l'argile qui forme les parois du conduit
se trouve en contact avec l'air, se dessèche partielle-
ment et se fendille jusqu'à une certaine profondeur.

L'action ainsi commencée s'étend ensuite de proche en proche, à une plus ou moins grande distance dans toute la masse, chaque fissure produisant l'assèchement des parties qu'elle avoisine et déterminant la formation de nouvelles fissures.

La marche progressive de l'action de fendillement, dont on vient de parler, se manifeste clairement par l'accroissement successif du produit de l'écoulement des drains pendant les premières années de leur établissement, ainsi que par les modifications et l'amélioration progressive de la nature du sol.

On comprend, d'après ce qui précède, qu'il arrive souvent qu'un tuyau de drainage passant près d'une mare ou d'une source ne l'épuise pas. Le fendillement partant du tuyau ne peut s'étendre à travers la couche mouillée en contact avec le liquide, et l'argile conserve sur une certaine épaisseur son imperméabilité ordinaire. C'est ainsi que les canaux d'arrosage sont parfaitement étanches quand ils sont en service, et qu'ils perdent au contraire beaucoup d'eau après les chômages, lorsque l'action de l'air a fissuré les terres fortes qui forment les parois de leur lit.

L'accroissement de porosité du sol et son assainissement sont les résultats immédiats du drainage; mais avant d'indiquer les phénomènes consécutifs si favorables à la végétation de ces deux premiers effets, il convient de donner quelques résultats d'observations faites sur les quantités d'eau que le drainage enlève au sol.

Les expériences sur la quantité d'eau entraînée par les drains sont malheureusement encore peu nombreuses, mais elles sont faciles à faire, et on peut espérer qu'elles se multiplieront de plus en plus, car aucune donnée ne serait plus utile pour l'étude théorique et pratique du drainage.

Plusieurs méthodes peuvent être employées pour évaluer le volume d'eau que débite une bouche de drainage. On peut disposer sous cette bouche un compteur à eau à bascule, dont on relève de temps en temps les indications, ou bien dont on enregistre électriquement les mouvements dans le cabinet même de l'observateur. Mais ces appareils sont coûteux, assez fragiles et d'une installation un peu difficile. Il est donc préférable de se servir de la petite jauge que j'emploie pour cet objet. Cet instrument (fig. 106) se compose d'une caisse rectangulaire en fer-blanc ou en cuivre dans laquelle tombe l'eau du drain. Sa face antérieure est percée d'une série de trous, disposés en échiquier et par lignes un peu inclinées comme l'indique la figure. Deux ou trois cloisons verticales établies dans la

FIG. 106.

Jauge de drainage.

boîte amortissent le choc de l'eau et donnent à l'écoulement une grande régularité. Avant de mettre la jauge en place on fait quelques expériences pour déterminer exactement le débit répondant à l'écoulement de divers nombres de trous. Il suffit donc de compter trois ou quatre fois par jour le nombre de trous qui donnent de l'eau pour calculer avec une exactitude suffisante le débit de la bouche. Ces observations très-simples, qui n'exigent aucune écriture, peuvent être confiées à un ouvrier quelconque, pourvu qu'il soit attentif et consciencieux. Ce petit appareil, que l'on trouve maintenant chez les principaux fabricants d'instruments de physique, peut d'ailleurs être construit pour quelques francs, par tous les ferblantiers.

A défaut de tout appareil de jaugeage, on peut encore noter le temps nécessaire pour remplir un vase d'une capacité connue. Mais cette expérience exige l'emploi d'une montre à secondes, la présence de deux personnes autant que possible, une certaine habitude, et donne avec beaucoup plus de peine des résultats dont l'exactitude est souvent inférieure à celle que l'on peut attendre de l'instrument précédent.

Lorsqu'on observe les volumes d'eau qui s'écoulent d'un champ drainé, on doit placer à une petite distance un pluviomètre pour connaître la quantité d'eau de pluie versée sur le sol.

L'eau qui tombe sur un sol drainé, se partage en

trois parties. La première s'écoule par les drains,
la seconde s'évapore et retourne dans l'atmosphère.
La troisième enfin, dans certains terrains, s'infiltre dans les couches profondes du sol sans pénétrer dans les tuyaux.

Si on rend nulle l'infiltration de l'eau dans le sous-sol, comme l'ont fait à l'aide d'appareils particuliers quelques observateurs, la différence de l'eau tombée et de l'eau entraînée par les drains représente l'eau évaporée à la surface du sol. Si au contraire on opère dans des conditions pratiques, il faut évaluer le volume d'eau évaporé par le sol, celui entraîné par les drains, retrancher la somme de ces deux quantités d'eau, du volume de l'eau de pluie et en déduire, par différence, le volume infiltré dans les couches profondes. Ce dernier mode d'expérimentation, qui serait le plus important, n'a pas encore été appliqué, à ma connaissance, d'une manière complétement satisfaisante, et l'on ne peut donner ici que des résultats moins complets mais qui seraient déjà fort intéressants pour la pratique, s'ils étaient plus multipliés.

Dalton, à l'aide de la jauge qui porte son nom, a trouvé que l'épaisseur d'eau tombée en 1796, 1797 et 1798, étant respectivement de $0^m,778$; $0^m,985$ et $0,794$, les épaisseurs des tranches d'eau filtrées à travers le sol étaient de $0^m,175$, $0^m,279$ et $0^m,188$. De sorte que les rapports de la filtration à la pluie étaient respectivement égaux à $0^m,22$, $0^m,28$, $0^m,24$, soit $0^m,25$ en moyenne.

M. Dickinson, en opérant avec le même instrument, mais dans des conditions différentes, a trouvé qu'en huit années d'observation, ce même rapport variait de $0^m,30$ à $0^m,57$ et qu'il était en moyenne de $0^m,42$.

Ces deux séries d'observations s'accordent d'ailleurs sur un point essentiel, qui paraît donc être bien établi, savoir : que la plus grande partie de l'eau tombée pendant le mois de février, est absorbée par le sol, tandis que, pendant les mois de juin, juillet, août et septembre, la filtration dans le sol est presque nulle, et que l'eau s'évapore presque entièrement.

M. Charnock a fait des expériences analogues aux précédentes, mais il a cherché en outre à mesurer directement l'évaporation d'un sol drainé et d'un sol saturé. Voici le résumé de deux années d'observations :

			1842	1846
			m.	m.
Hauteur d'eau tombée.			0,663	0,638
Id.	filtrée à travers le sol.		0,115	0,171
Id.	évaporée d'un sol drainé. . .		0,548	0,467
Id.	*id.*	d'un sol saturé. . .	0,762	0,845
Id.	*id.*	dans un vase exposé au vent et au soleil.	0,854	0,881

Dans une expérience faite dans la terre des Hauts-Noirs en Sologne, M. Delacroix a trouvé que la hauteur d'eau tombée en 1856 étant de $0^m,754,$

la hauteur d'eau écoulée était de $0^m,427$; rapport $0^m,18$. En 1857, la hauteur d'eau tombée a été
de $0^m,453$ et la hauteur d'eau écoulée de $0^m,219$,
rapport $0^m,14$.

Voici enfin les résultats d'expériences que j'ai
pu faire aux environs du Meulan.

La pièce soumise avec observations avait une étendue de $1^h,226$. Le sol était argileux et assez fort, le
sous-sol était plus perméable. Cette pièce louée à
plusieurs cultivateurs était labourée et produisait des
récoltes de différentes sortes, céréales, racines et
chardon à foulon. Les volumes de pluie tombée et
d'eau écoulée par mois, ramenés à la surface d'un
hectare sont réunis dans le tableau suivant :

MOIS ET ANNÉES.	EAU DE PLUIE tombée.	EAU ÉCOULÉE par les drains.	RAPPORT de l'eau écoulée à l'eau tombée.
1855.	mc.	mc.	
Mars.	347.2	67.5	0,194
Avril.	100.5	20.0	0,199
Mai.	663.0	55.4	0,085
Juin.	365.0	2.1	0,005
Juillet.	555.0	0.0	0,000
Août.	210.0	0.0	0,000
Septembre. . . .	103.7	0.0	0,000
Octobre	537.5	0.7	0,001
Novembre. . . .	137.5	40.9	0,297
Décembre. . . .	130.0	56.1	0,431
Totaux. . .	3149.4	242.7	0,077
1856.	mc.	mc.	
Janvier	373.8	84.7	0,226
Février	97.5	34.8	0,356
Mars.	127.5	44.9	0,352
Avril.	455.0	34 2	0,075
Mai.	1281.3	60.8	0,047
Juin.	456.3	113.1	0,247
Juillet.	62.5	0.0	0,000
Août.	632.0	0.0	0,000
Septembre. . . .	873.0	0.0	0,000
Octobre	112.5	0.0	0,000
Novembre. . . .	606.3	12.6	0,020
Décembre. . . .	511.3	27.4	0,053
Totaux. . .	5389.0	412.5	0,073

Une autre pièce, peu éloignée de la précédente, cultivée d'une manière analogue, mais recevant, je crois, un peu d'eau des terrains supérieurs, a donné les résultats consignés dans le tableau ci-après :

MOIS ET ANNÉES.	EAU DE PLUIE tombée.	EAU ÉCOULÉE par les drains.	RAPPORT de l'eau écoulée à l'eau tombée.
1856.	mc.	mc.	
Janvier	373.8	87.7	0,234
Février	97.5	45.3	0,464
Mars.	127.5	73.0	0,572
Avril.	455.0	39.5	0,086
Mai.	1281.3	104.3	0,081
Juin.	456.3	173.1	0,379
Juillet.	62.5	0.0	0,000
Août.	632.0	0.0	0,000
Septembre. . . .	873.0	0.0	0,000
Octobre	112.5	0.0	0,000
Novembre. . . .	606.3	17.3	0,028
Décembre. . . .	511.3	93.5	0,182
Totaux. . .	5589.0	633.7	0,113
1857.	mc.	mc.	
Janvier	473.5	409.0	0,863
Février	97.5	72.9	0,747
Mars.	430.0	112.0	0,260
Avril.	555.0	146.4	0,263
Mai	345.0	0.3	0,001
Juin.	644.8	0.0	0,000
Juillet.	135.0	0.0	0,000
Août.	442.5	0.0	0,000
Septembre. . . .	921.2	0.0	0,000
Octobre	362.5	0.0	0,000
Novembre. . . .	117.5	0.0	0,000
Décembre. . . .	143.8	0.0	0,000
Totaux. . .	4668.3	740.6	0,158

D'après ces chiffres, la moyenne des rapports de l'eau écoulée par les drains à l'eau tombée a été de 0,077 pour la première pièce pendant les dix derniers mois de 1855, et de 0,073 pour l'année 1856. Dans la seconde pièce ce rapport a été 0,113 en 1856 et 0,158 en 1857. Mais les moyennes sont le résultat de chiffres mensuels très-différents les uns des autres. Ainsi, tandis qu'en janvier 1857, les drains ont écoulé plus de 86 p. 100 de l'eau tombée sur la seconde pièce, ils n'ont point coulé pendant les mois d'été pour des volumes d'eau tombés plus considérables que ceux fournis par la pluie en janvier.

Si l'on étudie attentivement le livre d'observations journalières dont les tableaux précédents ne sont que le résumé succinct, ou mieux encore si l'on examine les courbes indiquant les volumes d'eau tombée et écoulée par jour, que l'espace ne permet pas de reproduire ici, on se rend facilement compte de ces différences. Lorsque la terre est sèche au moment d'une pluie, l'eau est retenue par le sol et ne s'écoule pas par les drains, au contraire si le sol est déjà très-mouillé, l'addition d'une quantité d'eau même assez faible peut déterminer l'écoulement. En un mot pour les pluies initiales le rapport de l'eau écoulée à l'eau tombée est nulle ou très-faible ; et pour les pluies non initiales ce rapport est d'autant plus grand que l'évaporation et l'absorption souterraine ont été moindres depuis la pluie précédente. La répartition des pluies et des sécheresses exerce donc sur le rapport que nous considérons une influence beaucoup plus grande que l'abondance même de ces pluies. Un drainage ne commence pas à couler avant que le terrain qui le recouvre ne renferme une certaine masse d'eau, déterminée par sa nature propre et dont la mesure est un des éléments les plus utiles à connaître pour caractériser un sol arable. Les courbes des eaux tombées et écoulées par le drainage, fournissent un autre renseignement d'un grand intérêt pratique, c'est le temps qui s'écoule entre la pluie qui détermine l'écoulement et le commencement de cet écoulement. Ce temps est variable avec la nature du sol, et pour un même sol avec son degré d'humidité au commencement de la pluie, en général il varie de six heures à quarante-huit heures. Plus le sol est rétentif et plus l'écoulement d'un drainage est prolongé et régulier, mais chaque période isolée d'écoulement présente toujours un maximum ordinairement moins éloigné de l'origine de l'écoulement que de sa fin, la courbe d'écoulement s'élève plus rapidement qu'elle ne s'abaisse.

En résumé, si l'on considère une longue période de temps, il résulte des expériences que l'on vient de rapporter et de plusieurs autres trop longues à citer, que le rapport des eaux écoulées par les drains aux eaux de pluies tombées à la surface des terres peut varier, comme limites extrêmes de 0^m,05 à 0^m,80.

Mais pour déterminer mathématiquement les dimensions des tuyaux il faut de plus posséder des observations détaillées semblables à celles dont on vient de parler et faites dans un terrain de même nature que celui où l'on peut entreprendre de nouveaux drainages. A défaut de ces renseignements; on suit les règles pratiques ordinaires, en ayant soin seulement d'exagérer un peu les débouchés.

La position de la nappe d'eau souterraine dans les terrains drainés dépend, comme on l'a déjà indiqué, de la nature du sol, ainsi que l'ont vérifié plusieurs observateurs. La surface de cette nappe d'eau présente d'ailleurs une forme convexe, dont les points les plus élevés se trouvent au milieu de l'intervalle des drains. Les expériences de cette nature sont faciles à faire ; on enfonce des tubes verticalement dans le sol, perpendiculairement à la direction des lignes des drains et l'on relève jour par jour la hauteur de l'eau dans ces tubes. Il résulte de plusieurs observations et notamment de celles de M. Delacroix, déjà mentionnées, que la pente moyenne de la nappe d'eau vers les drains varie de $0^m,01$ à $0^m,12$ par mètre suivant la nature plus ou moins rétentive du sol. Cette pente varie du reste, pour un même terrain, avec la plus ou moins grande quantité d'eau restant à écouler.

Revenons aux effets consécutifs résultant pour l'amélioration du sol de son assainissement par le drainage.

L'accroissement de température des terrains par l'action du drainage est un des effets les plus inté-

ressants et plus utiles de cette opération. Il est
d'ailleurs facile de comprendre qu'elle doit produire ce résultat.

L'évaporation de l'eau à la surface d'un terrain
doit effectivement abaisser considérablement sa
température par l'enlèvement de la chaleur latente
nécessaire à la vaporisation. Il serait difficile de fixer
d'une manière absolue l'abaissement de température
produit dans une masse de terre par l'évaporation
d'une certaine quantité d'eau ; mais on peut admettre
comme résultat moyen pour fixer les idées que la
formation d'un kilogramme de vapeur abaisse de
cinq degrés environ deux cent cinquante kilogrammes
de terre. La diminution de l'évaporation à la surface
des terres drainées peut représenter dans certaines
circonstances 5 p. 100 environ de la quantité de chaleur reçue du soleil par la même surface en un an.

D'un autre côté, pendant la plus grande partie de
l'année, la température de l'eau de pluie, au moment de sa chute, ou au moins après avoir traversé
la couche la plus superficielle du terrain fortement
échauffée par l'action directe des rayons solaires, est
supérieure à la température moyenne de la masse du
sol arable. On comprend dès lors qu'en diminuant
l'évaporation à la surface et en obligeant l'eau de
pluie à pénétrer profondément dans le sol, aussitôt
après sa chute, on augmente la température de ce
sol et de la chaleur que l'eau lui communique et de
celle que lui aurait enlevé l'évaporation. Or telle est

la double action produite par le drainage ; d'une part, en effet, les canaux d'asséchement attirent à eux, aspirent en quelque sorte l'humidité de la masse terreuse, et obligent l'eau de pluie à la traverser rapidement ; d'un autre côté en abaissant le niveau de l'eau stagnante à une profondeur supérieure à l'ascension capillaire, ils diminuent dans une forte proportion l'évaporation produite à la surface.

D'autres circonstances encore, trop longues à exposer ici, tendent également à accroître la température des terres drainées pendant la période où s'accomplissent les phénomènes principaux de la végétation.

Les remarques précédentes ne sont point du reste de simples inductions théoriques ; des expériences positives et l'ensemble des phénomènes agricoles établissent d'une manière rigoureuse l'élévation de température du sol produite par le drainage. Les faits suivants ne peuvent laisser aucun doute à cet égard.

M. Parkes sur trente-cinq observations faites avec beaucoup de soin a trouvé que la température d'un sol drainé excédait de 5°,5 celle du même terrain voisin et non drainé. D'autres observateurs ont même trouvé des chiffres plus élevés. De sorte que le drainage place un terrain donné dans des conditions de température que réaliserait un déplacement très-notable vers le sud ou une diminution d'altitude de plusieurs centaines de mètres.

Ces observations comparatives sont du reste très-faciles, il suffit d'enfoncer dans le sol des tubes en métal de $0^m,5o$ à $1^m,5$ de longueur et d'y placer des thermomètres à longues tiges que l'on observe une ou deux fois par jour. On ne saurait assez recommander les études de cette nature qui enrichissent la science d'observations précieuses et qui ne peuvent manquer d'intéresser vivement les propriétaires instruits qui les entreprennent.

L'accroissement de la circulation de l'air dans le sol est une des conséquences les plus avantageuses des travaux de drainage, aussi a-t-on cherché à augmenter encore cet effet par une disposition particulière. On a placé à l'extrémité d'amont des files de tuyaux ouverts comme de coutume à leur extrémité d'aval, des cheminées d'appel pour déterminer un courant d'air dans l'intérieur des lignes de drains. Ces essais ne paraissent pas avoir produit de résultats bien positifs. On ne conçoit pas, en effet, que l'établissement d'un courant d'air entrant à la bouche d'un drain et sortant à son autre extrémité puisse produire un effet bien appréciable dans la couche arable. Pour que l'expérience offrît des chances de succès il faudrait établir l'aspiration à travers la masse entière de la couche arable en faisant passer l'air de la surface au fond. C'est ce qu'on obtiendrait en mettant en communication avec une haute cheminée en bois noirci une série de drains fermés à l'aval par une couche d'eau qui s'opposerait à la rentrée de l'air. Le *drainage à air* ainsi disposé mérite d'être soumis à des essais comparatifs faits avec soin et persévérance.

L'aération du sol détermine la combustion lente des matières organiques, et la production des azotates ; les eaux de drainage en contiennent en effet des quantités notables qui suffisent à expliquer leur action énergique comme eaux d'irrigation.

Un champ bien drainé fournit d'ailleurs pour l'étude des phénomènes agricoles des facilités impossibles à réaliser autrement. En mesurant et analysant les eaux du drainage, les eaux météoriques, les engrais et les récoltes, on peut dresser d'une manière très-complète la statique de la culture considérée. D'un autre côté, l'examen de l'air des drains permet de suivre en détail la production de l'acide carbonique dans l'intérieur de la terre et de reconnaître la relation qui existe entre sa proportion et les principaux phénomènes de la culture. L'espace ne me permet pas de rapporter les résultats que m'ont donné des observations de cette espèce, je devais seulement les indiquer comme une source féconde d'observations agronomiques d'un grand intérêt.

NOTE 2.

NIVELLEMENTS.

Les opérations indiquées dans le chapitre premier, seront comprises sans aucune difficulté par les personnes habituées au maniement des instruments de nivellement et de levers de plan. Elles sont si simples d'ailleurs qu'elles peuvent être exécutées par tout le monde avec un peu d'attention. Il ne sera donc pas inutile d'ajouter ici quelques explications élémentaires sur l'emploi des instruments mentionnés dans le texte, afin de mettre tout agriculteur soigneux à même de les employer et de faire lui-même les opérations d'arpentage et les nivellements dont il peut avoir besoin.

Reprenons donc, les unes après les autres, les différentes opérations nécessaires à l'exécution d'un plan nivellé nécessaire à l'étude d'un projet de drainage ou d'irrigation.

Le jalonnage est le premier travail à exécuter sur le terrain. On trace au hasard, a-t-on dit, mais autant que possible suivant la pente du sol, une première ligne de jalons, la ligne 4, 4 par exemple (fig. 107). Les jalons employés par les géomètres de profession sont des tiges de bois droites, de 2 mètres de longueur environ, ordinairement peintes en blanc ou en rouge, quelquefois divisées en décimètres et

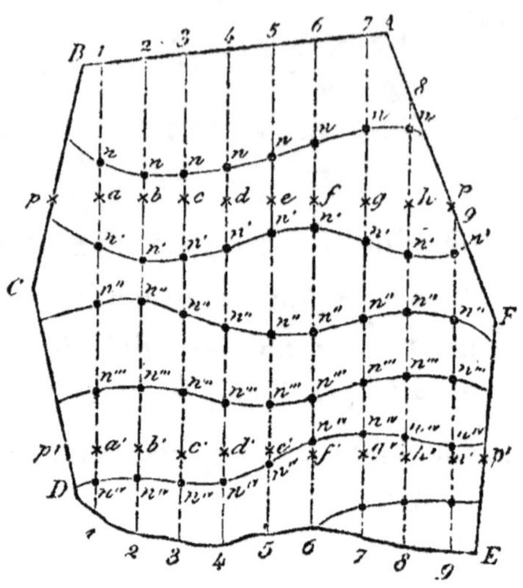

FIG. 107.

Levé et nivellement d'un terrain.

terminées par une douille en fer pointue, pour faciliter leur enfoncement dans le sol. Ces jalons ont une
certaine valeur, et pour les opérations ordinaires, on
les remplace par de simples branches bien droites
que l'on trouve dans tous les taillis. On coupe en
pointe le plus gros bout, et, pour les rendre plus vi-
sibles, on fixe un morceau de papier ou une carte à
jouer dans une fente faite à l'autre extrémité.

Le tracé d'une ligne droite sur le terrain est d'ailleurs très-simple. On enfonce deux jalons en des
points quelconques peu éloignées, 4 et n^4 par
exemple de la ligne à tracer, puis on s'éloigne jus-

qu'en n''', et on enfonce un troisième jalon dans la direction du plan visuel déterminé par les deux premiers. Pour s'assurer que ce jalon est bien placé on se met à 3 ou 4 mètres en arrière et on regarde s'il cache exactement les deux premiers, puis, avec un seul œil ouvert, on bornoie à droite et à gauche de ce jalon pour s'assurer que le dernier placé ne sort ni d'un côté ni de l'autre des plans passant par les côtés des deux premiers. Si ces conditions n'étaient pas remplies, on changerait un peu la position du troisième jalon, ou on la ferait changer par un aide. On procède pour le quatrième jalon comme pour le troisième, et on continue ainsi jusqu'à l'extrémité de la ligne.

Le tracé des lignes parallèles à la première et équidistantes entre elles peut se faire de différentes manières. La plus simple consiste à employer l'équerre d'arpenteur.

Cet instrument, que tout le monde connaît, se compose d'un cylindre ou d'un prisme octogone creux en laiton, à axe vertical, que l'on place au sommet d'un bâton ferré de $1^m,5$ à $1^m,60$ de longueur. Quatre fentes très-étroites sont pratiquées dans le sens de l'axe suivant deux plans exactement perpendiculaires l'un à l'autre. Dans les instruments bien construits, la visée s'obtient à l'aide d'une fente et d'un fil, au lieu de deux fentes. L'emploi de cet instrument, qui sert à résoudre sur le terrain tous les problèmes d'arpentage, est extrêmement simple. Voici comment on l'emploie dans le cas dont il s'agit.

On place le bâton qui porte l'équerre en d (fig. 107 ci-dessus) à la place de l'un des jalons de la ligne, ou bien entre deux de ces jalons, et on tourne l'instrument de manière que l'une de ces lignes de visée soit dirigée dans la ligne des jalons. On regarde alors dans la seconde ligne de visée, qui est perpendiculaire à la première, et on fait placer deux jalons pp dans cette ligne. On procède de même pour placer deux autres jalons $p'p'$ qui se trouvent, comme les premiers, sur une ligne perpendiculaire à 4,4. Cela posé, on mesure sur chacune des lignes, pp et $p'p'$, à partir de d et de d', des longueurs égales de, $d'e'$, ef, $e'f'$, et ainsi de suite. Les points ee', ff', sont sur des lignes parallèles à 4,4, et que l'on achève de tracer avec des jalons, comme on l'a dit ci-dessus.

Un équerre d'arpenteur et son bâton ferré coûtent de 6 à 8 fr. On doit préférer les équerres de formes cylindriques ; leur diamètre doit être de $0^m,08$ environ. Au lieu de l'équerre d'arpenteur, on peut employer un instrument nommé pantomètre, qui peut servir à mesurer les angles et qui porte une petite boussole pour orienter facilement les plans. Cet instrument coûte de 40 à 50 fr. Nous le recommandons aux propriétaires qui ont à lever des plans un peu compliqués.

La mesure des longueurs, sur le terrain, s'exécute avec une chaîne d'arpenteur, formée de cinquante chaînons en gros fil de fer de deux décimètres de longueur chacun et terminée par deux poignées. Sa longueur totale est de 10 mètres. La chaîne est accompagnée de dix fiches en fil de fer. L'opération du chaînage exige deux personnes. La première place l'extrémité de la chaîne à l'origine de la longueur à mesurer, la seconde tend la chaîne dans la direction de la ligne à mesurer, en se guidant à l'aide des jalons placés en avant et enfonce une fiche à l'extrémité de la chaîne. Les deux chaîneurs se mettent en marche; celui de derrière arrête la poignée de la chaîne à la fiche déjà enfoncée, celui de devant enfonce une seconde fiche après avoir tendu la chaîne; le premier chaîneur arrache la fiche et l'opération continue ainsi jusqu'à l'extrémité de la ligne. Le nombre de fiches recueillies par le chaîneur d'arrière indique le nombre de dizaines de mètres, les mètres et fractions de mètres sont faciles à apprécier à l'aide de la division en chaînons.

Les chaînes ordinaires s'allongent par l'usage, il faut les vérifier de temps en temps sur une longueur de 10 mètres exactement indiqués sur un plancher par deux goujons en fer, ou autrement. Une bonne chaîne coûte 6 francs ou 6^f,50. On peut en avoir à 3 ou 4 francs, mais elles sont trop faibles et s'allongent trop rapidement. On emploie, quelquefois, au lieu de la chaîne, un ressort d'acier de 10 mètres, divisé en mètres et en décimètres par de petits rivets en cuivre. C'est un bon instrument, malheureusement un peu trop cher. Inutile d'ajouter que l'on ne doit accorder aucune confiance pour les opérations sur le terrain aux rubans en fil qui s'altèrent par l'humidité et ne se tendent jamais bien.

Le nivellement du terrain sur lequel on a disposé les jalons s'exécute au moyen d'une mire et d'un niveau. Il reste à indiquer la construction et l'emploi de ces instruments.

On distingue deux espèces de mires, les unes, dites à voyant, se composent d'une règle prismatique divisée métriquement, sur laquelle peut glisser une plaque carrée de forte tôle, divisée en quatre petits carrés, dont deux sont peints en rouge et deux en blancs et disposés en damier. Le milieu de cette plaque, rendu ainsi très-apparent, sert de point de mire et correspond, à l'aide d'un repère en cuivre, aux divisions de la règle. Cette espèce de mire sert avec le niveau d'eau et convient spécialement pour dresser les plans nivelés qui nous occupent. Les mires de la seconde espèce, dites mires parlantes, sont formées de longues règles en bois, sur lesquelles on trace en couleurs brillantes des divisions de un ou deux centimètres. Ces mires sont excellentes pour les nivellements ordinaires faits avec des niveaux à lunette, mais elles sont moins commodes que les mires à voyant, même quand on a un niveau à lunette, pour dresser les plans nivelés pour travaux agricoles. Une mire à voyant et à coulisse de 4 mètres très-solide vaut 20 à 25 francs; mais on peut, pour l'usage qui nous occupe, faire une mire en bois qui ne coûte que quelques francs,

Les niveaux sont de formes extrêmement variées ; nous n'en décrirons que deux.

Le niveau d'eau se compose, comme on sait, d'un tube en métal recourbé à ses deux extrémités, terminé par des tubes de verre. Cet instrument porte une douille qui se pose sur un pied à trois branches. En versant de l'eau dans le tube en métal, de manière à ce qu'elle remplisse en partie les tubes de verre, sa surface dans les deux branches sera exactement horizontale, comme la surface des eaux tranquilles, quelle que soit d'ailleurs la position de l'instrument sur son pied ; par conséquent, si l'on se met à un ou deux mètres en avant du niveau, et que l'on bornoie les deux surfaces du liquide, tous les points situés sur le rayon visuel ainsi déterminé seront dans un même plan de niveau. On voit donc que l'on détermine les points du terrain situés à la même hauteur en fixant le voyant de la mire en un point de sa tige et en faisant poser cet instrument en différents points de la pièce de terre tellement choisis, que le voyant se trouve toujours dans le plan de visée du niveau d'eau convenablement dirigé sans changer son pied de place.

Le niveau d'eau est un instrument très-simple qui ne se dérange jamais, puisqu'il ne renferme aucun mécanisme, et dont les indications sont suffisamment exactes pour les usages ordinaires, quand on ne vise pas à plus de 20 mètres ou 25 mètres de distance. C'est par excellence l'instrument du petit propriétaire, dirigeant lui-même ses travaux. Il n'y a pas de ferme où il ne soit utile d'en avoir un. Un niveau d'eau, en fer blanc, avec son pied, coûte 6 à 8 fr. Un niveau en cuivre, avec fioles pouvant se dévisser et douille à genou, très-solide et d'un transport facile, coûte 25 francs.

Pour les opérations étendues, quand on veut opérer rapidement et avec beaucoup de précision, on emploie un niveau à bulle d'air et à lunette. La lunette de ces instruments est garnie intérieurement de deux fils en croix, très-fins que l'on voit en même temps que les objets éloignés. Le point de croisement de ces fils détermine une ligne de visée que l'on appelle l'axe de la lunette. Cette ligne, quand l'instrument est convenablement réglé, est exactement parallèle à l'axe du niveau à bulle d'air, de sorte que la ligne de visée est absolument horizontale quand la bulle a été amenée entre les repères à l'aide des vis de calage de l'instrument. Les niveaux à lunette et à bulle d'air permettent d'opérer avec beaucoup d'exactitude jusqu'à 150 ou 200 mètres de distance, et par conséquent de niveler d'une seule station et en fort peu de temps des surfaces considérables. Les dispositions des niveaux de cette espèce varient beaucoup, et l'on ne pourrait donner ici les explications nécessaires à la manœuvre de chaque instrument sans dépasser de beaucoup l'étendue de cette note. Ces instruments sont d'ailleurs ordinairement accompagnés d'une instruction sur leur usage. On dira seulement que les niveaux du système Egault, plus ou moins modifiés, et surtout les niveaux cercles, dits de Lenoir, sont les plus recommandables. Dans ces derniers temps, plusieurs opticiens et particulièrement M. Gravet, ont établi des niveaux à lunette et à bulle d'air d'une construction irréprochable au moyen desquels on peut mesurer les angles horizontaux, les pentes du sol et estimer les distances sans chaînage. On ne saurait assez recommander l'usage de ces excellents instruments à toutes les personnes qui ont à faire des travaux étendus de nivellement ou de lever de plan. Un bon instrument de cette espèce vaut environ 250 francs. Ce prix assez élevé est bien vite payé par les avantages qu'ils procurent aux personnes obligées de s'occuper souvent d'opérations sur le terrain.

On a imaginé depuis quelques années une foule de niveaux de toute sorte spécialement destinés, selon leurs inventeurs, aux opérations de drainage ou d'irrigation. Ils sont tous plus compliqués ou plus chers que les niveaux d'eau, sans être plus exacts ou d'un emploi plus commode; ils ne sauraient d'ailleurs supporter la comparaison avec les niveaux à bulle d'air. Les personnes étrangères à l'art du nivellement feront bien de n'acheter aucun de ces instruments et de s'en tenir à ceux que l'on vient de mentionner.

La méthode décrite dans le texte pour dresser un plan nivelé, n'exige aucun calcul, et peut être exécutée par les personnes les plus étrangères aux études mathématiques. Elle est maintenant généralement adoptée, et si quelques modifications de détail y ont été proposées, elles ne se sont pas répandues dans la pratique. Il est donc inutile de les indiquer ici.

NOTE 3.

La disposition et la nature du sous-sol conduisent quelquefois à modifier le tracé du drainage de manière à obtenir un assainissement suffisant en réduisant plus ou moins la longueur des drains. Ces tracés exceptionnels exigent, comme on l'a déjà dit, beaucoup d'habitude et il convient de les adopter seulement après une étude très-attentive du terrain.

La position des surfaces ou des lignes de suintement, celle des veines exceptionnellement imperméables, les ondulations des couches argileuses plus ou moins différentes de celles de la surface doivent surtout appeler l'attention du draineur qui veut acquérir quelque supériorité dans son art. L'examen de trous d'essai, ou de sondages assez multipliés, des conversations fréquentes avec les terrassiers du pays, un esprit d'observation particulier permettent d'arriver dans certaines circonstances, assez rares il est vrai, à des résultats vraiment fort heureux. On ne saurait, on le conçoit, tracer à cet égard des règles générales, les dispositions du sol et du sous-sol, des lignes de suintement, etc., varient à l'infini, et c'est à l'intelligence de chacun d'appliquer le remède le plus simple à chaque cas particulier, On se bornera

14

donc à citer ici quelques dispositions que l'on retrouve assez souvent et qui peuvent servir d'exemple.

On ajoutera, comme recommandation générale, que toutes les fois que le sous-sol d'un terrain à drainer n'est pas bien homogène dans l'étendue d'une pièce, ou qu'il présente une stratification particulière, il y a lieu d'examiner si l'on ne peut pas réaliser des économies notables en s'écartant des règles usuelles ordinaires. Les draineurs expérimentés, quand ils ont le loisir d'examiner le terrain pendant quelques mois y réussissent assez souvent ; quant aux draineurs novices ou obligés d'opérer rapidement, nous leur répéterons le conseil de suivre les règles générales indiquées dans le texte ; s'ils négligent ainsi quelques économies, ils auront la certitude de ne jamais éprouver de revers, et d'éviter de perdre beaucoup de temps à la recherche de conditions spéciales qui, en résumé, ne se rencontrent qu'exceptionnellement dans la nature.

Les sous-sols imperméables, présentent quelquefois une surface légèrement concave, formant un bassin peu profond, comme les petites mares que l'on observe souvent dans les landes ou sur les sables du bord de la mer. Le sol arable déposé plus tard sur le sous-sol a comblé et nivelé ces dépressions que le relief de la surface n'indique pas au dehors. Lorsque l'on peut reconnaître par les sondages cette disposition du terrain et déterminer les points bas de cette espèce de cuvette souterraine, le drainage de grandes surfaces peut s'effectuer avec très-peu de drains, si surtout, en même temps, il existe une couche de suintement entre le sol et la surface concave du sous-sol dont nous parlons. Il suffit en effet de faire partir quelques drains des points bas du bassin souterrain imperméable pour enlever l'eau qui s'y réunit naturellement et faire disparaître la stagnation des eaux dans toute l'étendue du sol superposé à la mare souterraine, si l'on peut s'exprimer ainsi.

Une autre disposition des sous-sols argileux imperméables mérite d'être signalée, parce qu'elle se présente dans certaines régions d'une manière assez générale. La surface du banc argileux, au lieu d'être plane, présente des ondulations parallèles comme la surface d'un champ cultivé en longs billons. Comme dans le cas précédent, la terre arable a comblé les dépressions et effacé toute trace extérieure de cette forme souterraine. Il arrive souvent qu'un peu de sable mêlé à la terre dans les dépressions du soussol, fait de ces parties basses, de ces raies de billons, pour continuer notre comparaison, des lignes de suintement. Il convient de tenir compte de ces conditions, quand elles se présentent, et d'en profiter quánd on le peut pour diminuer la longueur du réseau de drains.

Les billons de la couche souterraine imperméable peuvent être parallèles à la déclivité générale du champ considéré. Dans ce premier cas il faut mettre les tuyaux de drainage dans les points bas formant lignes de suintement entre les billons; on s'exposerait, en les plaçant autrement, à avoir un drainage fonctionnant beaucoup moins bien puisque l'on ne profiterait pas de la tendance naturelle des eaux à se réunir dans ces points particuliers.

Si, au contraire, les billons souterrains sont perpendiculaires à la déclivité naturelle du sol, chacun d'eux forme un barrage qui s'oppose à l'écoulement des eaux, et leurs raies restent constamment remplies d'humidité qui rend impossible l'assainissement du sol superficiel. Dans ce second cas les drains doivent couper tous les billons et descendre au niveau du fond des raies pour enlever toutes les eaux. Pour rendre cette action plus énergique et permettre d'écarter davantage les drains, on peut mettre au fond des billons souterrains, perpendiculairement aux drains dont nous venons de parler d'autres petits drains à faible pente pour amener l'eau aux lignes d'écoulement.

Le drainage bien connu de Keythorpe a été exécuté dans ces conditions et présente un exemple remarquable d'une étude très-attentive des lignes de suintement et du relief souterrain de la couche imperméable.

On comprend facilement, sans qu'il soit nécessaire de s'arrêter davantage à ces explications, comment la contexture du sous-sol peut conduire à modifier le tracé d'un réseau de tuyaux de drainage.

NOTE 4.

CALCUL DU DÉBIT DES DRAINS.

Les explications données dans la note 1re permettent de comprendre comment on peut déterminer expérimentalement le rapport de l'eau tombée à l'eau écoulée par un drainage. D'un autre côté les pluviomètres font connaître facilement la hauteur d'eau tombée chaque jour ; on peut donc déterminer dans des circonstances variées le volume d'eau que les drains d'une surface connue ont à évacuer dans un temps que l'expérience permet aussi de déterminer de la manière la plus convenable.

Le problème de la détermination des diamètres des tuyaux de drainage se trouve ainsi ramené à une question d'hydraulique : la détermination des conditions d'établissement d'un tuyau capable de suffire à un débit connu.

Ce problème est facile à résoudre pour un tuyau de conduite à l'aide des formules de Prony ou de Darcy qui établissent la relation entre les pentes, les diamètres et les longueurs de ces conduites. Mais les tuyaux de drainage ne sont pas du tout dans les conditions d'une conduite régulière et continue en plomb ou en fonte, et les formules ordinaires ne leur sont pas applicables d'une manière exacte.

14.

Si l'on considère un drain collecteur, rempli d'eau dans toute sa longueur et coulant à gueule bée sous l'action d'une charge supérieure, on peut l'assimiler, jusqu'à un certain point, à une conduite et lui appliquer les formules ordinaires, sauf à modifier leurs coefficients numériques. Mais les drains ordinaires fonctionnent en général d'une manière différente, ils contiennent en même temps de l'air et de l'eau et leur débit doit plutôt se calculer par les formules relatives au débit des rigoles que par les formules des tuyaux. Cette introduction de l'air dans les tuyaux modifie du reste beaucoup les lois de leur écoulement et mérite une étude spéciale. J'ai déjà fait un assez grand nombre d'expériences sur les lois de l'écoulement de l'eau dans les tuyaux de drainage, mais ce travail n'est pas assez complet pour être publié. A défaut de formules spéciales on peut donc employer les formules ordinaires de M. Prony, que l'on trouve partout, et qu'il est inutile de rapporter ici ; on devra seulement se rappeler qu'elles ne s'appliquent aux problèmes du drainage que d'une manière aproximative et qu'il faudra toujours se tenir au-dessus de leurs indications. Les règles pratiques données dans le texte suffisent d'ailleurs parfaitement aux applications usuelles.

NOTE 5.

Les obstructions qui se produisent dans les tuyaux de drainage et s'opposent à leur fonctionnement régulier sont dues à différentes causes que nous allons signaler en indiquant les moyens de les éviter ou de les combattre.

1° Une file de tuyaux peut cesser de fonctionner par suite de l'écrasement d'un tuyau, d'un tassement ou d'un dépôt de terre dans l'intérieur de la conduite. Ces accidents ne se produisent jamais dans un travail bien fait, ils sont le résultat de véritables malfaçons qu'il faut réparer en faisant à nouveau la partie du travail où on les a constatées.

2° L'introduction en temps de sécheresse, dans les tuyaux, de grenouilles ou autres petits animaux peut déterminer des obstructions quand les eaux reviennent. Des grilles suffisamment serrées placées aux bouches des drains suffisent pour prévenir ces accidents auxquels il est inutile de s'arrêter.

3° Les racines de certains arbres, et surtout des arbres à bois tendres, pénètrent souvent dans l'intérieur des tuyaux et y forment des paquets de chevelu qui arrêtent complétement l'écoulement des eaux, on a indiqué page 41 le moyen le plus efficace de prévenir ces accidents, qui sont d'ailleurs d'autant moins à redouter que l'assainissement du sol est plus parfait.

4° Les obstructions produites dans les tuyaux par le dépôt de sédiments calcaires abandonnés par les eaux sont efficacement prévenues au moyen des regards pneumatiques dont il a été question page 168.

5° Les obstructions formées dans les tuyaux de drainage par des flocons rougeâtres gélatineux, d'un aspect tout spécial et que l'on rencontre si souvent dans les terrains marécageux, ont longtemps inquiété les draineurs et ont failli compromettre la vulgarisation du drainage lors de son apparition en Angleterre. Je suis parvenu à les prévenir par un moyen très-simple dont les explications suivantes feront comprendre l'efficacité.

Il se forme, dans certains sols, un composé organique soluble d'oxyde de fer. Cette dissolution conserve indéfiniment sa limpidité dans une atmosphère privée d'oxygène; elle se trouble, au contraire, au contact de l'air et laisse déposer une masse ocreuse, d'une composition assez complexe, qui forme les obstructions observées dans certains drainages.

J'ai souvent recueilli des liquides produisant des obstructions ferrugineuses et les dépôts eux-mêmes récemment formés. Sans donner ici les résultats de mes analyses chimiques de ces produits, je signalerai quelques faits d'un intérêt pratique immédiat.

Le liquide clair, exposé à l'air, se trouble rapidement et laisse déposer la matière ocreuse. Si on place ce liquide dans une éprouvette d'oxygène sur la cuve à mercure, on peut observer l'absorption complète du gaz employé. Le dépôt récemment formé, recueilli dans une bouteille pleine d'eau et bien bouchée, passe, en quelques jours, du rouge ocreux au brun noir, par la réduction du peroxyde de fer par l'action de la matière organique. La masse ainsi modifiée, jetée sur un filtre, fournit de nouveau une dissolution plus ou moins chargée, qui se trouble quand on l'expose à l'action de l'oxygène de l'air.

Ces observations, qu'il est inutile de multiplier et de développer davantage ici, établissent clairement que l'emploi d'un regard pneumatique semblable à celui qui a été décrit page 168 au sujet des obstructions calcaires, en empêchant l'air extérieur de pénétrer dans les drains, s'opposera très-efficacement au dépôt des matières ocreuses. L'oxygène qui pourra s'introduire dans les drains, sans passer par leur orifice inférieur, ne déterminera que des dépôts insignifiants que les eaux entraîneront facilement au dehors.

6° Enfin certaines racines, quelquefois faciles à reconnaître, mais dont l'origine reste souvent inconnue, forment dans les tuyaux de longs paquets fibreux, désignés vulgairement sous le nom de *queues de renard*, qui obtruent complétement les tuyaux,

Ces accidents sont heureusement fort rares, mais ils ont causé une certaine inquiétude, et j'ai dû les étudier très-attentivement avant de pouvoir affirmer qu'ils n'ont véritablement rien de redoutable. J'ai visité tous les drainages où des obstructions de cette espèce m'ont été signalées, et j'ai fait rétablir avec les soins nécessaires beaucoup de drains envahis par les racines qui depuis lors n'ont pas cessé de fonctionner. Les conclusions de cette enquête, poursuivie pendant plusieurs années, peuvent se résumer en quelques mots.

Je n'ai jamais observé dans les tuyaux de chevelu, autre que celui des racines d'arbres à bois tendre et que tout le monde connaît, sans constater en même temps l'un des faits suivants, isolés ou réunis :

De la terre végétale avait été jetée au fond de la tranchée et enveloppait les tuyaux ;

Par suite de défauts de pose, de la terre s'était introduite dans les tuyaux ;

Enfin les tuyaux ne s'asséchaient jamais soit parce qu'ils présentaient des contre-pentes, soit parce qu'ils étaient traversés par des eaux de sources permanentes, soit enfin parce qu'ils étaient insuffisants à produire l'assainissement complet du terrain drainé.

En faisant disparaître ces conditions, il suffit d'enlever les masses de chevelu dont il s'agit, pour en être à jamais débarrassé.

L'enlèvement de la terre végétale, le nettoyage des tuyaux, l'application attentive des pelottes d'argiles sur les joints, le redressement du profil irré-

gulier des tuyaux, remédient aux inconvénients si-
gnalés d'abord, qui ne se produisent du reste jamais
dans un drainage bien fait.

Quant à la permanence de l'écoulement des eaux
de sources, il est assez facile dans beaucoup de cas
de la supprimer. Il suffit en effet de faire communiquer deux drains à leur partie d'amont avec un regard d'une certaine dimension ou on amène les eaux
des sources. Puis à l'aide d'un tampon on bouche
l'un des drains d'écoulement pendant que l'autre
reste à sec. Au bout de deux ou trois mois, on enlève
le tampon du premier drain pour le mettre au second drain qui reste à sec pendant que le premier
fonctionne. Le chevelu meurt dans le drain dessé-
ché et se trouve entraîné quand on remet l'eau.

Pour déboucher un drain accidentellement ob-
strué, sans le démonter sur toute sa longueur, on
peut employer avec avantage la chaîne de drainage
de M. Landa, de Beauvais. Cet instrument est une
espèce de chaîne d'arpenteur terminée suivant le cas
par un tire-bouchon ou par une olive, on l'enfonce
dans le drain par un regard ou par une tranchée ouverte à cet effet et l'on peut la faire pénétrer jusqu'à
vingt ou vingt-cinq mètres pour enlever des corps
étrangers.

En résumé, les obstructions de toute sorte sont
des accidents assez rares, et l'on voit qu'il est toujours possible de les prévenir par les moyens très-
simples indiqués dans le texte ou dans cette note.

NOTE 6.

Les sondes de Palissy que l'on construit maintenant, diffèrent un peu de celle représentée par la fig. 11. Le manche, au lieu d'être fixé au haut de la tige, est mobile sur cette tige, qui est carrée, et se fixe, au moyen d'une vis à pression, à la hauteur convenable pour le travail de l'ouvrier.

La sonde Palissy ordinaire ne permet pas d'atteindre une profondeur de plus de $1^m,80$ à $2^m,00$. Quand on a besoin de creuser plus profondément, soit pour des travaux de drainage, soit pour des travaux de recherches d'eau, de marne ou autres amendements, on emploie des instruments un peu plus compliqués.

La tarière est analogue à celle de la sonde Palissy, mais d'un diamètre plus considérable. Les tiges se vissent d'ailleurs par bouts de 1 ou 2 mètres les unes à la suite des autres. Si l'on rencontre de la roche ou des sols très-durs, on remplace la tarière par un trépan, espèce de grand ciseau à froid, d'une forme particulière, que l'on soulève et que l'on laisse retomber pour percer l'obstacle. Enfin, pour enlever les débris détachés par le trépan, ou la boue trop liquide que la tarière n'enlèverait pas, on se sert d'un tube terminé par une soupape à boulet, que l'on visse aux tiges en fer, comme les deux instruments précédents.

Quand le terrain se tient mal et s'éboule dans le trou, on y enfonce un tube en tôle, qui sert à le soutenir pendant que l'on continue le travail d'approfondissement.

Quand le sol est homogène et que l'on a des ouvriers un peu exercés, on peut facilement et sans échafaudage d'aucune sorte, percer avec les instruments que l'on vient d'indiquer, un trou de sonde de 10 à 12 mètres de profondeur et de $0^m,05$ à $0^m,08$ de diamètre.

Pour atteindre de plus grandes profondeurs, ou faire des trous plus gros, sans dépasser toutefois les dimensions toujours très-bornées nécessaires pour les travaux agricoles, il faut installer, au-dessus du trou de sonde, une petite chèvre formée de trois pièces de bois, réunies à leur sommet par une forte ligature, à laquelle on suspend une poulie. Une corde passée sur cette poulie suffit pour enlever les instruments de sondage ou les remettre en place. Avec cette installation très-simple, on peut faire facilement un trou de sonde de 20 mètres de profondeur et ayant jusqu'à $0^m,12$ de diamètre.

L'équipage de sonde dont on vient de parler, avec ses accessoires coûte de 150 à 500 francs, suivant les dimensions. Beaucoup d'ingénieurs des ponts et chaussées chargés de services hydrauliques sont maintenant pourvus de ce moyen de recherches très-simple et fort utile.

NOTE 7.

DRAINAGE A TROUS.

On a proposé de remplacer les tranchées et les tuyaux par une série de trous verticaux qui serviraient à enlever l'eau surabondante des couches superficielles du sol. Cette méthode a donné lieu à une certaine confusion, utile à expliquer.

Si l'on considère un sol rétentif, reposant sur un sous-sol plus profond et très-absorbant, il paraît très-probable qu'il suffirait de percer un nombre suffisant de trous verticaux, pénétrant à une certaine profondeur dans la couche perméable, pour assainir la couche arable. Les trous verticaux agiraient certainement pour appeler l'eau d'une manière moins énergique que les tranchées ordinaires; pour produire le même effet, leur distance les uns des autres devrait par conséquent être moins grand que l'écartement des tranchées dans le terrain considéré. Le nombre des trous devrait être de 3 à 400 au moins par hectare. On conçoit cependant que ce mode de drainage puisse donner des résultats économiques dans certaines circonstances particulières.

Les auteurs des articles publiés sur le mode de drainage qui nous occupe, conseillent d'enfoncer dans chaque trou un bâton, entouré de torsades de paille, destiné à prévenir l'éboulement de la terre et l'obstruction du drain. Ce système de remplissage des trous laisse beaucoup à désirer et je pense qu'il serait préférable d'enfoncer dans chaque trou des tuyaux de terre cuite ordinaires, jusqu'à une distance de 0^m,50 à 0^m,70 de la surface. Le dernier de ces tuyaux serait bouché à l'aide d'une boule de terre cuite, d'un diamètre supérieur au vide de ce tuyau et qu'il suffirait de jeter dans le trou de sonde, dont la partie supérieure se remplirait ensuite naturellement de terre ordinaire par l'action des intempéries et des labours.

Le drainage à trous, appliqué dans des conditions convenables et avec la modification que l'on vient d'indiquer, donnerait probablement de bons résultats. Il serait intéressant de le soumettre à une épreuve sérieuse, ce qui n'a pas encore eu lieu en France à ma connaissance.

Il n'y a pas d'ailleurs à s'arrêter à la pensée énoncée par quelques personnes, de créer dans un sol rétentif indéfini, au moyen de trous de sonde, un réservoir inférieur pour réunir les eaux de surfaces en temps de pluie pour les rendre ensuite peu à peu au sol en temps de sécheresse. Indépendamment de toutes les objections que soulèverait ce système d'assainissement, le plus simple calcul montre qu'il faudrait par hectare au moins 10,000 trous de sonde de 1^m,8 de profondeur pour loger une petite pluie donnant seulement $0^m,005$ d'épaisseur d'eau. Ce chiffre seul suffit pour montrer que la dépense serait très-supérieure à celle d'un drainage ordinaire, dont les effets seraient bien supérieurs et beaucoup plus certains.

NOTE 8.

OUTILS A RÉGLER LE FOND DES TRANCHÉES DE DRAINAGE.

On emploie en général, pour régulariser le fond de tranchées de drainage ouvertes au louchet et préparer l'emplacement des tuyaux, les écopes à long manche manœuvrées du bord de la tranchée, comme on l'a expliqué dans le texte. L'emploi de ces instruments exige, pour donner de bons résultats, des ouvriers adroits et extrêmement soigneux. L'opération est toujours assez longue et occasionne, par conséquent, une dépense notable.

M. Marc a cherché à rendre à la fois cette partie essentielle des travaux de drainage plus rapide e plus parfaite, plus facile et plus économique. L'appareil qu'il a construit semble, en effet, réaliser une véritable amélioration sur les moyens ordinairement employés pour le même objet.

L'instrument imaginé par M. Marc se compose d'une barre de fer méplat ab, de $3^{m},00$ environ de longueur et de $0^{m},10$ de hauteur, sur $0^{m},01$ d'épaisseur, garnie, près de ses extrémités, de deux lames d'acier de forme demi-cylindrique, du diamètre des tuyaux que l'on emploie, taillées en biseau et légèrement inclinées sur la direction de la barre ab, comme l'indique le croquis. A la partie antérieure

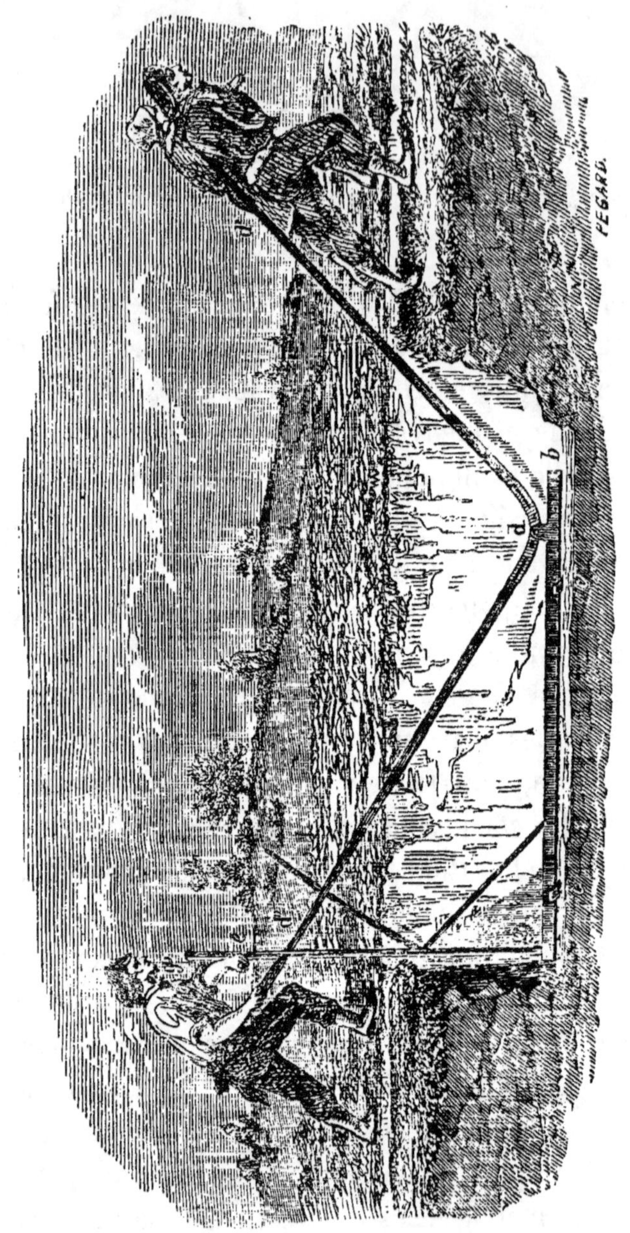

Fig. 108.
Régleur Marc.

de la barre de fer *ab* est fixé à l'aide d'une char

nière en fer *d* un levier coudé *d'dd''*, dont l'extrémité *d'* porte une cheville et un bout de chaîne pour recevoir la barre d'attelage sur laquelle s'exerce le tirage. L'ouvrier qui conduit la machine la dirige et règle son action en saisissant d'une main l'extrémité *d''* du levier coudé *d'dd''* et de l'autre main une poignée *e*, que l'on fixe à la hauteur convenable, avec une vis de pression, sur la tige verticale *gg'g''* soudée à l'extrémité postérieure de la grande barre *ab*.

La manœuvre de cet instrument est extrêmement facile. Deux, trois ou quatre hommes, selon la résistance du terrain, tirent en marchant de chaque côté de la tranchée, comme l'indique le dessin, sur une longue perche passée dans l'anneau de tirage, tandis que le chef ouvrier, en appuyant plus ou moins sur la poignée *e* et sur le levier *d'*, règle l'enrure des petits socs *cc'*. L'outil fonctionne ainsi au fond de la tranchée comme une longue et étroite varlope de menuisier, et rabote le fond en lui donnant exactement la forme régulière et demi-cylindrique des tuyaux que l'on doit y placer.

Deux ou trois passages, au plus, de l'instrument suffisent pour dresser le fond d'une tranchée ouverte dans une terre argileuse de bonne consistance. Des ouvriers armées d'écopes enlèvent les fragments de terre détachés par chaque passage de la machine.

L'instrument imaginé par M. Marc fonctionne parfaitement dans les argiles les plus dures. Il peut encore agir lorsque le sol renferme quelques gros graviers, mais il est évident qu'il ne saurait être employé dans des terres mêlées de pierres volumineuses ou dans un sol détrempé par les pluies ou par des sources. Il faudrait, dans ces circonstances difficiles et heureusement exceptionnelles, renoncer à son emploi et recourir à l'usage des outils habituels.

Dans des conditions ordinaires, j'ai pu constater, ainsi que M. l'ingénieur Lemaire, qu'un atelier composé d'un chef ouvrier pour conduire la machine, de trois hommes pour la tirer et de deux ouvriers pour enlever les terres détachées, pouvait facilement dresser par jour 2,000 mètres courants de tranchées. En évaluant à 2 fr. 75, en moyenne, la journée de chaque ouvrier, ou voit que l'atelier représente une dépense quotidienne de 16 fr. 50, ce qui fait revenir le prix de cette opération à $0^f,008$ environ, c'est-à-dire moins de 1 centime le mètre courant.

Le travail est mieux fait que par les procédés ordinaires ; la dépense pour cette partie de l'opération se trouve réduite à la moitié des prix habituels, et la pose des tuyaux est rendue plus facile et plus parfaite.

L'instrument que l'on vient de décrire est donc appelé à rendre de véritables services à la pratique du drainage ; il permet d'exécuter une des parties les plus délicates de l'opération avec plus de perfection et à plus bas prix qu'on ne peut le faire avec les outils employés jusqu'à présent. Il est à désirer que l'emploi s'en répande. M. Marc vend son instrument une soixantaine de francs.

Depuis la première édition des *Instructions pratiques*, il a été proposé un très-grand nombre d'instruments nouveaux pour l'exécution des travaux de drainage. A l'exception de celui que l'on vient de décrire, aucun de ces outils ne paraît mériter une recommandation. J'ai soumis à l'expérience tous ceux que j'ai pu me procurer et aucun ne m'a donné de résultats satisfaisants.

Les grands appareils pour l'exécution mécanique du drainage ne sont pas non plus entrés dans la pratique. Bien que très-ingénieuses, les charrues de drainage étaient trop coûteuses, d'un déplacement trop difficile, pour devenir d'un usage général; d'un autre côté, l'impossibilité de suivre des yeux le travail au sein de la terre, la compression énorme du sol autour des tuyaux sont des inconvénients sérieux qui feraient longtemps hésiter à employer ces machines, en supposant même que l'on parvînt encore à simplifier leur construction et à perfectionner leurs moyens de déplacement.

NOTE 9.

Nous avons insisté sur l'utilité des colliers, parce qu'ils exigent des ouvriers poseurs moins soigneux et qu'ils rendent plus rares les négligences et les malfaçons toujours si redoutables dans des travaux qui ne sont pas soumis à une surveillance continuelle, si redoutables surtout quand il s'agissait d'un procédé nouveau que des insuccès, même accidentels, pouvaient compromettre pour longtemps dans notre pays.

Cependant les difficultés de se procurer des manchons, leur prix d'achat, le soin plus grand que nécessite le commencement du remplissage de la tranchée pour éviter les porte-à-faux des tuyaux entre les manchons, ont décidé beaucoup de personnes, en France et même en Angleterre, à renoncer à l'emploi des manchons dans les terrains ordinaires et à les réserver pour les terres boueuses et détrempées par les eaux, où rien ne peut les remplacer complétement.

J'ai fait moi-même beaucoup plus de drainages sans manchons que de toute autre manière.

Quand on pose sans manchons, il faut que les extrémités des tuyaux soient parfaitement dressées et puissent s'appliquer exactement les unes contre les autres. Quelquefois on pousse la précaution à cet égard jusqu'à faire dresser mécaniquement l'extrémité des tuyaux après la cuisson. On conçoit que les joints formés par le rapprochement exact de tuyaux ainsi préparés ne laissent rien à désirer, et qu'il suffise de les recouvrir de quelques tessons et d'une pelote d'argile bien tassée pour obtenir d'excellents résultats.

NOTE 10.

DIVERS SYSTÈMES DE DRAINS NON GARNIS DE TUYAUX.

Les tuyaux cylindriques en terre cuite sont, pour ainsi dire, exclusivement employés aujourd'hui pour les travaux de drainage. Dans un certain nombre de circonstances particulières, les drains garnis de pierres cassées peuvent également être employés avec avantage. Enfin, dans quelques cas excessivement rares, il est vrai, on peut se trouver conduit à construire des drains avec des matériaux différents des précédents. Il ne sera pas inutile de mentionner ici quelques-uns de ces procédés, ne serait-ce que pour faire mieux apprécier les avantages des drains à tuyaux.

Drains garnis de fascines. — Les coulisses garnies de cordes en paille, de branchages ou de fascines, déjà employées par les peuples de l'antiquité et décrites par les agronomes latins, sont encore assez répandues dans certaines parties de la France, dans quelques comtés de l'Angleterre et paraissent même assez appréciées en Allemagne.

Le peu de durée des matériaux de cette espèce, qui ne peuvent pas résister plus de six ou huit ans, doit les faire rejeter par les agriculteurs éclairés.

On ne doit y recourir que dans des cas de pénurie extrême, lorsque les pierres et les matériaux argileux sont également rares et coûteux. Voici, du reste, comment on exécute, quand on est forcé d'y avoir recours, les ouvrages de cette espèce.

Les drains garnis de fascines, par le fait même de leur peu de durée, ne peuvent être poussés avec économie aux profondeurs considérables nécessaires à un bon drainage. On ne leur donne, en général, que $0^m,55$ à $0^m,75$ de profondeur. La forme de la tranchée varie avec les localités ; le plus ordinairement sa section transversale est un simple trapèze, dont le fond est garni d'une fascine bien tassée, au-dessus de laquelle on place quelque gazon et enfin de la terre bien pilonnée.

On fabrique les fascines sur un métier formé de trois ou quatre croisillons en bois en forme d'X, enfoncés de $0^m,90$ environ dans la terre et s'élevant à $0^m,60$ au-dessus du sol. Ces croisillons sont espacés de $0^m,60$ à $1^m,20$ les uns des autres et formés de rondins de $0^m,15$ à $0^m,20$ de diamètre. On les charge de la quantité de branches nécessaire à la fabrication d'un saucisson. Pendant qu'un ouvrier serre fortement ce fagot avec une corde nouée à deux bâtons, un autre ouvrier les lie avec une hart de bois flexible, préalablement passé à la flamme pour lui donner plus de souplesse.

Tuyaux de drainage en bois de sapin. — Le

bois de sapin se conserve fort longtemps dans les terrains fortement humides. Aussi a-t-on souvent proposé de garnir les drains de tuyaux formés de 4 petites planches clouées ensemble, ou même de rondins percés d'un fort trou de mèche. Dans certains pays de montagne où le bois est à vil prix et où les chutes d'eau fournissent la force très-économique-ment, de pareils tuyaux pourraient peut-être lutter avec les tuyaux de terre ; mais ces circonstances ne se rencontrent pour ainsi dire pas en France, et il serait inutile de s'arrêter à ce genre de fabrication qui n'offrirait quelques chances de développement qu'en Norwége et dans quelques cantons de la Suisse. On dira seulement qu'il convient de tremper les tuyaux de bois dans un bain de coaltar très-chaud pour augmenter leur durée.

Drains avec conduits en tourbe. — Dans le drai-nage des terrains tourbeux et marécageux, on peut employer avec avantage des tuyaux exécutés avec la tourbe elle-même. Ces tuyaux sont formés de deux parties semblables, superposées et laissant

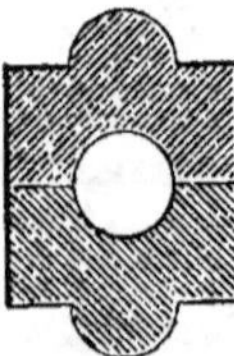

entre elles un vide de forme circulaire dans lequel l'eau s'écoule (fig. 109). Les deux parties qui composent ainsi le tuyau sont parfaitement égales et se découpent dans la tourbe au moyen d'un louchet d'une forme particulière, très-simple, d'ailleurs, et qui produit d'un seul coup

Fig. 109.
Drains
en tourbe.

la disposition voulue. Un ouvrier exercé produit de 2 à 5ooo prismes de cette espèce par jour. Des morceaux de tourbe ainsi taillés sont fortement desséchés au soleil avant l'emploi. Ils présentent alors une grande résistance, ne se gonflent plus dans l'eau et sont parfaitement propres à l'usage qui leur est destiné. Ces tuyaux en tourbe sont, du reste, placés au fond d'une tranchée ordinaire que l'on remplit comme de coutume. Les rigoles étroites, que l'on indique quelquefois comme applicables aux terrains tourbeux, offrent beaucoup moins de garanties que le système que l'on vient d'indiquer. Les tuyaux en terre cuite sont incontestablement préférables aux tuyaux en tourbe, mais l'argile et les pierres sont souvent très-rares, et par conséquent très-chères, dans les marais tourbeux, et il est utile de pouvoir, à la rigueur, dessécher les marais de cette classe avec les matériaux mêmes extraits de la tranchée.

Drains sans tuyaux. — On a imaginé un grand nombre de méthodes pour créer et maintenir de petites galeries d'écoulement au sein de la terre elle-même. Aucun de ces procédés ne donne de bons résultats, et, si nous en faisons mention, c'est seulement pour engager les propriétaires à se mettre en garde contre ce que ces méthodes peuvent avoir de spécieux.

Tuyaux en ciment. — Plusieurs fabricants ont

proposé de fabriquer des tuyaux de drainage avec du mortier de ciment. Jusqu'à présent, ces tuyaux, en général, n'ont pu lutter d'économie avec les tuyaux en terre cuite. Il est certain d'ailleurs qu'ils sont d'une fabrication facile et que, si leur prix s'abaissait assez, on pourrait les employer avec avantage. On remarquera cependant qu'il ne faut employer à leur fabrication que des ciments très-énergiques ; les eaux de drainage, habituellement très-chargées d'acide carbonique, pourraient attaquer à la longue les mortiers ordinaires en entraînant la chaux à l'état de bicarbonate.

Assainissement des terrains à fortes pentes par des rigoles ouvertes. — Il est souvent nécessaire, dans les pays humides, à sol peu perméable, d'assainir par une série de rigoles ouvertes les terrains en pentes et les collines destinées à la pâture des troupeaux. On y parvient en ouvrant une série de petites rigoles à peu près horizontales, communiquant avec une rigole plus importante tracée suivant une ligne de plus grande pente du terrain et destinée à conduire les eaux dans une rigole d'un ordre plus élevé ou dans un canal général de décharge.

L'espacement des rigoles horizontales dépend de la nature du sol et de l'abondance des eaux. On est quelquefois obligé de les placer à quelques mètres les unes des autres, mais, en général, on peut les établir à d'assez grandes distances. J'ai vu des terrains exigeant 65o mètres de rigoles par hectare et d'autres parfaitement assainis par l'ouverture de 4oo mètres de ces rigoles.

On commence par creuser les rigoles principales d'écoulement et on termine par les rigoles horizontales. Les petites rigoles d'égouttement dont nous nous occupons ont de o^m,15 à o^m,20 de largeur au fond, des talus inclinés à 45° et o^m,20 à o^m,5o de profondeur moyenne. On peut les ouvrir à la charrue et les terminer à la bêche; mais il est généralement préférable de les exécuter seulement à l'aide de ce dernier instrument. La terre extraite de la rigole est rejetée contre le bord, du côté le plus bas du terrain, en laissant un petit intervalle entre l'arête de la rigole et le bourrelet de terre. Ces rigoles coûtent de o^m,o5 à o^m,o9 le mètre courant.

Dans les travaux un peu considérables, on divise ordinairement les ouvriers par brigades de cinq hommes. Il suffit d'un surveillant pour quatre brigades. L'axe de la rigole étant tracé par des jalons et un cordeau, deux ouvriers placés de chaque côté coupent les talus avec de lourdes bêches. Ces bêches n'ont pas moins de o^m,5o à o^m,6o de côté; le manche se termine par une poignée de béquille, pour que l'on puisse soulever l'instrument à deux mains. Un troisième ouvrier, avec le tranchant de la bêche, coupe le fond de la rigole. Le quatrième ouvrier enlève les mottes détachées et le cinquième égalise les parois et termine le travail. Tous les ouvriers d'une brigade doivent être également adroits à toutes les opérations que l'on vient de décrire pour pouvoir se relayer fréquemment.

Le mode d'assainissement que l'on vient d'indiquer a été décrit avec beaucoup de détails et préconisé avec chaleur par Polonceau, qui rattachait son exécution sur une grande échelle, à ses ingénieuses études sur les inondations. En Écosse et en Irlande, où on en fait de nombreuses applications, on le désigne sous le nom de *drainage à moutons* (sheep drainage) parce qu'on l'applique particulièrement à certains pâturages de collines principalement consacrés aux moutons qui redoutent comme on sait, la fréquentation des terrains humides.

REGARDS A BONDE.

Dans quelques départements où le drainage est avancé, on fabrique pour construire les regards des briques spéciales. Ces briques sont cintrées sur un de leurs côtés de manière à constituer, par leur réunion, à plat, la forme cylindrique de l'intérieur du regard. Extérieurement le massif est un prisme à 6 ou 8 pans. Ces briques sont posées à joints croisés et maçonnées au mortier de chaux ou mieux de ciment. Les regards ainsi établis sont très-solides et fort économiques.

Quel que soit le mode de construction des regards, ils doivent toujours être complétement recouverts pour qu'il ne puisse y tomber ni feuilles ni autres corps étrangers capables d'obstruer les drains.

Il est quelquefois nécessaire d'arrêter l'écoulement des eaux dans une partie des drains, soit pour faire refluer les eaux et les employer en arrosage, soit pour tout autre motif. Une disposition très-simple des regards permet encore de les employer à cet usage : on place une dalle en pierre horizontale (fig. 110) entre le drain d'écoulement et le drain d'amenée.

Cette dalle est percée d'un trou circulaire dans lequel s'applique une bonde en bois ou en bronze.

Cette bonde porte une tige, terminée par une poi-

Fig. 110.

Regard avec bonde.

gnée à sa partie supérieure et que l'on peut soulever ou enfoncer de la surface du sol, en enlevant la pierre ou la planche qui ferme le regard. Quand la bonde est enlevée, l'écoulement des eaux de drainage a lieu sans difficulté par le tuyau b. Lorsque la bonde est abaissée, elles sont obligées de s'arrêter, de s'élever dans le regard jusqu'à la surface du sol si les pentes sont suffisantes, ou de s'écouler dans un drain situé au niveau ou au-dessus du drain d'amenée *a*. Cet appareil très-simple, d'une construction extrêmement rustique, permet évidemment de résoudre beaucoup de problèmes de répartition d'eau, qui sembleraient exiger des robinets et autres mécanismes compliqués, d'un prix élevé et d'un entretien difficile.

NOTE 12.

BOUCHES EN FONTE.

M. Amies, de Badford, construit des tuyaux en
fonte, garnis de grille, fort bien disposés pour les
bouches de drainage (fig. 111 et 112). Ces appareils

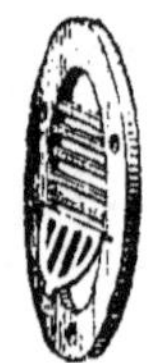

FIG. 111.

Bouche de drainage en fonte.

FIG. 112.

Grille de la bouche
fig. 111.

se composent de deux tuyaux de diamètres différents
réunis par une bride, le plus gros tuyau reçoit le
dernier tuyau de terre comme on le voit à droite de la
figure. La grille est placée au point de raccordement
et, par conséquent, à une certaine distance de l'orifice, ce qui la met à l'abri des atteintes de la malveillance. Quand le drain débouche dans une ri-
vière à marée ou sujette à des crues, on adapte à
l'extrémité du plus petit tuyau un clapet, qui laisse
écouler les eaux de drainage quand les eaux extérieures sont basses, et qui empêche celles-ci d'entrer
dans les drains, en se fermant de lui-même, quand elles

sont hautes. Ces bouches en fonte sont très-simples, très-solides et d'un prix peu élevé. On les vend en Angleterre 7ᶠ,50, 8ᶠ,15 et 11ᶠ,25 pour des diamètres de 0ᵐ,076, 0ᵐ,101 et 0,ᵐ127.

M. Lemoyne, ingénieur du service hydraulique du Calvados, construit les bouches de drainage d'une manière très-économique. Il emploie un fort tuyau en grés, présentant sur la moitié de sa longueur un diamètre intérieur assez grand pour que le dernier drain s'y engage facilement et sur l'autre moitié un diamètre intérieur à peu près égal à celui du drain lui-même. La grille en fonte est placée au point où le tuyau présente un étranglement. Le tout est maintenu dans un petit massif en maçonnerie.

NOTE 13.

TUYAUX ÉTANCHES.

On a quelquefois besoin d'utiliser les tuyaux de drainage comme conduites d'eaux économiques ; on réalise cette condition d'une manière grossière, en bourrant les joints des colliers avec de la glaise et en enveloppant toute la ligne de tuyaux de la même matière fortement tassée, mêlée de sable et arrosée d'eau de chaux. Pour des travaux un peu plus soignées, on emploie, au lieu de terre glaise, du mortier et du béton de ciment. On peut arriver ainsi à d'assez bons résultats, mais toujours un peu coûteux. Je forme des tuyaux absolument étanches et capables de résister à une assez forte pression d'une manière différente et fort économique, qui n'a pas encore été décrite et qu'il sera dès lors utile d'indiquer ici.

On se procure d'abord des fraises en fonte dure ou en acier pouvant être montés sur le nez d'un tour à tailler le verre ou de tout autre tour en l'air. L'une de ces fraises présente extérieurement la forme d'un tronc de cône de $0^m,07$ à $0^m,08$ de longueur, dont la plus grande base a le diamètre extérieur des tuyaux à employer et dont la petite base a un diamètre de $0^m,004$ à $0^m,006$ plus petit. La seconde fraise présente en *creux* exactement la forme extérieure de la première. Ces fraises peuvent se fabriquer simplement, à défaut de pièces de fonte, avec de fortes viroles en acier ; dans tous les cas, on trace à leur surface quelques entailles, comme celles de la surface d'une lime douce, et dirigées suivant des hélices peu inclinées sur les génératrices des troncs de cône.

Les deux instruments que l'on vient de décrire servent à préparer les tuyaux et leurs manchons, qui doivent être en terre bien cuite mais non vitrifiée. A cet effet, on présente successivement chaque bout des tuyaux mouillés et saupoudrés de grès pilé à la fraise femelle, en les dirigeant exactement, à l'aide d'un support convenable, suivant l'axe du tour qui se confond avec celui de la fraise. On donne ainsi à l'extérieur des bouts des tuyaux une forme parfaitement ronde, légèrement conique et identique pour tous. Lorsqu'on a taillé ainsi un nombre suffisant de tuyaux, on remplace la fraise femelle par la fraise mâle et on taille de la même façon, mais *intérieurement*, les deux bouts de manchons d'un diamètre primitif intérieur plus petit que le diamètre extérieur des tuyaux. On obtient, par cette double opération, des tuyaux qui entrent dans les manchons avec la précision de bouchons dans les cols des flacons fermés à l'émeri. Quand on dispose d'un moteur pour le tour, cette opération ne coûte presque rien ; un ouvrier peut préparer par jour un ou deux mille tuyaux et manchons. Quand on est obligé de mouvoir le tour à la roue ou au pied, le travail est moins rapide, mais encore peu dispendieux.

Les tuyaux ainsi préparés, bien séchés et légèrement chauffés, sont plongés pendant quelques instants dans une chaudière en fonte ou en tôle, remplie d'un mélange fondu et bien liquide de mastic d'asphalte et de goudron. On les retire pour les laisser égoutter et refroidir et les conserver pour l'emploi.

Rien de plus simple, on le conçoit, que la pose de pareils tuyaux. On choisit un temps bien sec, on met, avec un pinceau, une couche de goudron chaud sur le bout de chaque tuyau et on l'enfonce fortement dans le manchon fixé de même sur le tuyau précédent. Le mètre courant de conduite de cette espèce, de $0^m,035$ de diamètre, non compris la tranchée, ne revient pas à plus de $0^f,20$ à $0^f,30$; prix inférieur de beaucoup aux procédés ordinaires les plus économiques.

COMPOSITION DES TERRES A TUYAUX.

Voici, à titre de renseignement, la composition de quelques terres à tuyaux de bonne qualité :

Silice....................	56,1	47,1	70,0	68,6	70,3
Alumine.................	25,9	18,8	12,4	10,0	7,8
Peroxide de fer..........	»	12,8	6,0	10,0	10,8
Chaux	1,0	0,7	0,7	0,6	0,4
Eau et matières non dosées	17,0	20,6	10,9	10,8	10,7
	100,0	100,0	100,0	100,0	100,0

La composition chimique élémentaire ne suffit pas du reste à elle seule pour assurer la bonne qualité des terres à tuyaux, il faut encore qu'elles présentent un certain degré de plasticité et qu'elles sèchent sans trop se déformer. Il est rare de trouver une terre qui présente naturellement toutes les qualités nécessaires. Mais il est encore plus rare que l'on ne trouve pas facilement à peu de distance les unes des autres, des matières dont le mélange présente toutes les qualités nécessaires. Avec des terres argileuses, de la terre franche ou des sables fins, on peut toujours fabriquer d'excellents produits. A défaut d'expériences pratiques directes, l'analyse chimique et quelques essais spéciaux fournissent toutes les indications nécessaires sur la qualité des terres que l'on destine à la fabrication des tuyaux de drainage, des tuiles, etc.

Ces analyses, ainsi que toutes celles qui intéressent l'agriculture ou l'art des constructions sont faites gratuitement pour les ingénieurs ou les particuliers qui envoient *franco* leurs échantillons, au laboratoire des ponts et chaussées, n° 28, rue des Saints-Pères, à Paris.

NOTE 15.

MACHINES A TUYAUX.

Les indications données dans le texte suffisent pour faire comprendre le principe des machines a étirer les tuyaux. Mais il convient de donner à cet égard quelques renseignements plus développés.

L'étirage des tuyaux de $0^m,035$ de diamètre intérieur à l'aide des machines à bras employées aujourd'hui dans la plupart des fabriques, coûte de $1^f,25$ à $1^f,50$ par mille, soit $1/8$ environ du prix de revient total des tuyaux.

Mais l'influence des machines à fabriquer les tuyaux est beaucoup plus importante pour la propagation du drainage que ne semble l'indiquer le chiffre que l'on vient de citer.

Une mauvaise machine, qui se dérange à chaque instant, rend impossible une fabrication économique et suffit quelquefois pour décourager un fabricant ou un propriétaire, lui faire abandonner la pensée d'entreprendre des drainages et ajourner, quelquefois pour longtemps dans un pays, les bienfaits de travaux importants d'assainissement. Une bonne machine, au contraire, facilite l'organisation des fabriques de tuyaux, et l'expérience apprend que partout où l'on trouve des tuyaux, les cultivateurs des environs ne tardent pas à les utiliser.

Le perfectionnement des machines à tuyaux est donc intimement lié à la vulgarisation des procédés de drainage. On comprend dès lors l'utilité de s'en occuper avec attention.

On distingue les machines intermittentes et les machines à action continue.

Les machines à piston, comme celle qui est représentée fig. 85, sont intermittentes, mais elles présentent différentes dispositions utiles à mentionner.

L'appareil de la fig. 85 a été construit par M. Laurent, qui fabrique d'ailleurs presque tous les systèmes de machine à tuyaux, il pèse 5oo kilog. environ et coûte 55o à 6oo francs. Cette machine est simple, facile à déplacer et très-convenable pour les petits fabricants.

On construit des machines basées sur le même principe, mais garnies de deux caisses opposées et de deux pistons placés aux deux bouts de la tige de la crémaillère. Grâce à cette disposition, l'une des caisses se trouve toujours prête à recevoir de la terre quand l'autre est vidée et cesse de produire des tuyaux. On gagne ainsi tout le temps perdu, dans la machine à simple effet, pendant que l'on ramène le piston en arrière après avoir transformé en tuyaux le contenu de la caisse. Mais on perd encore le temps nécessaire au remplissage de la caisse.

Les machines à simple et à double effet sont ordinairement manœuvrées à bras. Cependant quand ces dernières sont de grandes dimensions, on peut avec avantage les mettre en mouvement avec un moteur. A cet effet, M. Whitehead remplace la manivelle par un embrayage à poulie fort bien disposé. Cet embrayage se compose d'une poulie folle, séparant deux poulies motrices dont l'une fait marcher les pistons dans un sens, tandis que l'autre les fait agir en sens contraire. A la fin de chaque course de piston, un décliquetage amène la courroie motrice sur la poulie folle ; on remplit la caisse de terre et on ramène la courroie sur la poulie qui donne le mouvement dans le sens voulu. Cette machine est d'un fort bon usage dans les fabriques d'une certaine importance.

Pour éviter, en partie, la perte de temps qui a lieu pendant le remplissage des caisses, M. Schlosser a eu l'idée de substituer aux caisses fixes rectangulaires en fontes des machines ordinaires des boisseaux cylindriques en tôle, qui ne sont que posés sur le bâti de sa machine (fig. 113 et 114). Chaque appareil est accompagné de trois boisseaux. L'un d'eux fournit des tuyaux et le piston se retire de celui qui vient de travailler, tandis qu'un ouvrier remplit le troisième boisseau séparé momentanément de l'appareil. Aussitôt que les pistons arrivent au bout de la course, on enlève le boisseau vide, dont le piston est sorti, on met en place le boisseau plein et on tourne en sens convenable pour transformer en tuyaux la terre qu'il renferme. La manœuvre de l'enlèvement et de la mise en place des boisseaux est très-rapide et les temps perdus se réduisent à fort peu de chose. Cette

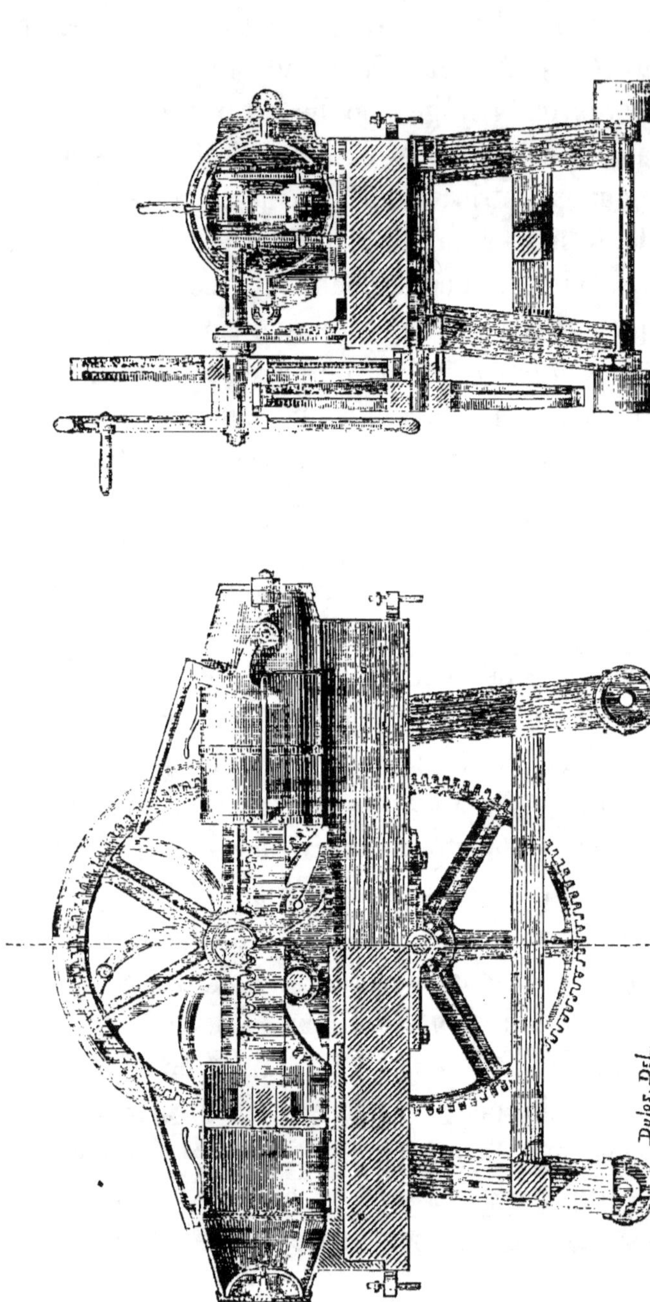

Fig. 114.
Élévation de bout de la machine Schlosser.

Fig. 113.
Coupe en long et élévation de la machine Schlosser.

machine pèse 600 kilog. environ et coûte 650 à 700 francs. C'est une des plus répandues en France.

On ne décrira pas ici une foule d'autres machines intermittentes à piston imaginées par divers constructeurs. Elles ne présentent pas de principe bien particulier et ne diffèrent que par les formes et l'ajustement des pièces qui les composent. Quelques constructeurs ont remplacé la crémaillère par une vis de pression. Jusqu'à présent cette disposition ne paraît pas avoir donné de résultats avantageux.

M. Mareschal a pensé à mettre en mouvement le piston de sa machine à tuyaux à l'aide d'une presse hydraulique. C'est à beaucoup d'égards une excellente idée, qui doit donner de fort bons résultats. Il est vivement à désirer que les constructeurs s'occupent de l'appliquer.

Nous devons ajouter qu'une machine à piston, tout à fait analogue à celles que l'on emploie maintenant pour les tuyaux de drainage, avait été inventée dès 1807 pour faire des briques creuses et autres produits analogues. Cette machine, très-intéressante comme histoire de l'invention des machines à tuyaux, est décrite dans le *Bulletin de la Société d'encouragement pour l'industrie nationale* de 1813.

Les machines à tuyaux ont à résister à des efforts considérables, elles doivent être construites très-solidement et avec de très-bons matériaux. On ne saurait assez recommander aux personnes qui en achètent la plus scrupuleuse attention à cet égard.

Les machines à action continue sont moins répandues que les précédentes. Elles méritent cependant de fixer l'attention.

Le moulage des tuyaux a lieu dans les machines de cette espèce à l'aide de filières semblables à celles des machines précédentes. Mais la terre est poussée vers la filière par un mouvement continu à l'aide de mécanismes divers.

La machine d'Ainslie, très-anciennement importée en France, appartient à cette catégorie. Elle se compose de deux cylindres en fonte tournant en sens contraire ; ces deux cylindres forment l'un des côtés d'une capacité prismatique, dont le côté opposé est garni d'une filière.

La pâte argileuse est déposée sur un tablier et poussée entre les cylindres par un ouvrier. Les cylindres en tournant entraînent la terre argileuse et la compriment assez fortement dans la capacité dont on a parlé pour la forcer à passer à travers la filière en se moulant en tuyaux.

Cette machine est simple et peu coûteuse, mais elle exige des terres assez collantes et toujours assez molles, ce qui est un inconvénient sérieux pour la bonne fabrication des tuyaux. Son emploi est maintenant extrêmement restreint.

Plusieurs systèmes de machines à tuyaux à action continue sont basés sur l'emploi de l'hélice. Parmi les appareils de cette espèce, nous citerons la machine de Franklin, que M. Brethon, mécanicien à

Tours, exécute d'une manière très-satisfaisante.
Cette machine (fig. 115 et 116) est mise en mouve-

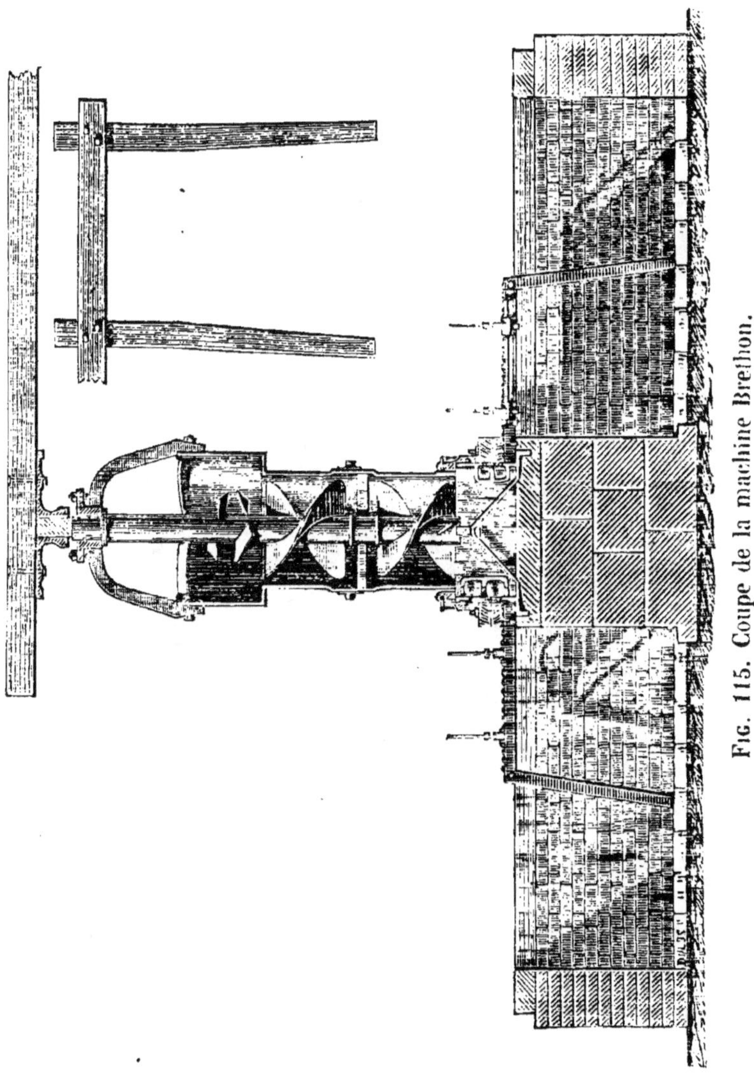

Fig. 115. Coupe de la machine Brethon.

ment par un cheval attelé à un manége ou par un

machine à vapeur ou par une roue hydraulique. Elle

Fig. 116.

Élévation de face de la machine Brethon.

se compose d'un cylindre en fonte dans lequel se
meut un arbre vertical armé de couteaux hélicoïdaux.
Le même appareil malaxe la terre, l'épure en la faisant passer à travers un crible et la façonne en
tuyaux en la faisant passer à travers des filières placées à droite et à gauche, au bas du cylindre. Ces
machines conviennent bien aux fabriques d'une certaine importance, qui possèdent un moteur.

L'effort nécessaire à la fabrication des tuyaux diffère beaucoup d'une machine à l'autre. Il résulte, d'un très-grand nombre d'expériences que j'ai dû faire sur des machines de différents constructeurs, que la quantité de travail nécessaire à la fabrication d'un kilogramme de tuyaux frais, avec la même terre, varie de 20 à 120 kilogrammètres. Cette énorme différence ne tient pas seulement, comme on pourrait le croire, au frottement plus ou moins grand des organes de transmission. Elle dépend surtout du rapport des sections des ouvertures à celle du piston. Une disposition particulière des expériences m'a permis de mesurer avec exactitude la pression exercée sur la terre et, par conséquent, d'éliminer toutes les résistances extérieures, toujours difficiles à estimer et qui compliquent les résultats des essais ordinaires. Il serait trop long de reproduire ici ce travail, il suffisait d'indiquer aux constructeurs l'un des points sur lesquels doit particulièrement se porter leur attention.

Plusieurs constructeurs ont imaginé des machines pour fabriquer des tuyaux avec un emboîtement à l'une de leurs extrémités, afin d'éviter l'emploi des manchons. La solution de ce problème n'a qu'un intérêt pratique assez secondaire, et, jusqu'à présent, le prix de revient des tuyaux augmente dans une forte proportion. Il convient cependant de citer une machine ingénieuse, inventée par M. Salomon pour fabriquer les tuyaux à emboîtement, et un appareil bien disposé, construit dans le même but par M. Whitehead.

Les tuyaux frais, au sortir de la machine, renferment en général de 27 à 53 p. o/o d'eau. Après le séchage, au moment de l'enfournement, ils n'en renferment plus que de 9 à 12 p. o/o.

La cuisson de 1000 tuyaux de 0^m,35 de diamètre intérieur et de 0^m,33 de longueur consomme habituellement de 80 à 150 kilogrammes de houille.

Le poids des tuyaux est très-variable. A titre de renseignement, on donnera ici quelques résultats moyens de pesées faites sur les produits de nombreuses tuileries françaises et étrangères.

NUMÉROS D'ORDRE.	DIAMÈTRE		LONGUEUR	POIDS de mille tuyaux secs.	OBSERVATIONS.
	intérieur.	extérieur.			
	m.	m.	m.	k.	
1	0,027	0,0430	0,320	424	Trop minces.
2	0,028	0,0450	0,320	552	
3	0,031	0,0500	0,320	686	
2	0,031	0,0500	0,330	720	
3	0,035	0,0545	0,308	740	
4	0,039	0,0590	0,345	998	
5	0,040	0,0610	0,308	1002	
6	0,054	0,0745	0,315	1098	
7	0,057	0,080	0,302	1342	
8	0,097	0,128	0,302	3200	
9	0,132	0,167	0,302	4880	
10	0,185	0,231	0,302	8800	

Le prix de revient de la fabrication des tuyaux est, on le conçoit, extrêmement variable. Voici, à peu près, les limites entre lesquelles varient, dans les circonstances ordinaires, les prix élémentaires de cette fabrication pour 1,000 tuyaux de $0^m.35$ de diamètre intérieur et de $0^m,33$ de longueur, déchets compris.

	fr.	fr.
Achat, entretien et transport de la terre à pied d'œuvre..........................	0,15 à	2,00
Trempage, malaxage, épuration. mélange..	0,40	1,80
Façon...............................	1,00	1,50
Roulage............................	0,15	0,30
Soins de séchage.....................	0,30	0,50
Enfournement........................	0,75	1,55
Soins de cuisson.....................	0,50	1,00
Combustible.........................	4,00	10,00
Frais généraux......................	1,55	3,45
Total...................	8,80	22,10

NOTE 16.

Le régime des eaux en France ne peut tarder à recevoir des modifications sérieuses, dont les hommes pratiques reconnaissent la nécessité. Les dessèchements, les curages de cours d'eau, les irrigations, toutes les grandes opérations de génie rural qui intéressent à un si haut degré la salubrité et la richesse agricole de nos campagnes, rencontrent dans nos lois des difficultés sans nombre ou des obstacles insurmontables, qui paralysent à la fois l'initiative individuelle, les essais d'associations particulières et les efforts de l'administration elle-même. Des lois assez récentes accordent, il est vrai, des facilités particulières aux travaux de drainage. Mais le régime des eaux utiles ou nuisibles à l'agriculture doit former un tout indivisible, et des lois spéciales laissent inévitablement de regrettables lacunes. Ce ne serait pas ici le lieu de faire l'étude critique et détaillée de notre législation des eaux; on se bornera à indiquer les dispositions relatives à l'objet de cet ouvrage.

La première loi relative au drainage rendue en France est celle du 10 juin 1854. Elle est ainsi conçue :

LOI DU 10 JUIN 1854 SUR LE LIBRE ÉCOULEMENT
DES EAUX PROVENANT DU DRAINAGE.

« ARTICLE PREMIER. Tout propriétaire qui veut assainir
« son fonds, par le drainage ou un autre mode d'assé-
« chement, peut moyennant une juste et préalable indem-
« nité, en conduire les eaux, souterrainement ou à ciel
« ouvert, à travers les propriétés qui séparent ce fonds
« d'un cours d'eau ou de toute autre voie d'écoulement.

« Sont exceptés de cette servitude les maisons, cours,
« jardins, parcs et enclos attenant aux habitations.

« ART. 2. Les propriétaires des fonds voisins ou tra-
« versés ont la faculté de se servir des travaux faits en
« vertu de l'article précédent, pour l'écoulement des eaux
« de leur fonds.

« Ils supportent dans ce cas, 1° une part proportion-
« nelle dans la valeur des travaux dont ils profitent ; 2° les
« dépenses résultant des modifications que l'exercice de
« cette faculté peut rendre nécessaire ; et 3° pour l'avenir
« une part contributive dans l'entretien des travaux de-
« venus communs.

« ART. 3. Les associations de propriétaires qui veulent,
« au moyen de travaux d'ensemble, assainir leurs héri-
« tages par le drainage, ou tout autre mode d'assèche-
« ment, jouissent des droits et supportent les obligations
« qui résultent des articles précédents. Ces associations
« peuvent, sur leur demande, être constituées, par ar-
« rêtés préfectoraux, en syndicats auxquels sont appli-
« cables les articles 3 et 4 de la loi du 14 floréal an XI.

« ART. 4. Les travaux que voudraient exécuter les as-
« sociations syndicales, les communes ou les départe-
« ments, pour faciliter le drainage ou tout autre mode
« d'assèchement, peuvent être déclarés d'utilité publique
« par décret rendu en conseil d'État.

« Le règlement des indemnités dues pour expropriation
« est faite conformément aux paragraphes 2 et suivants
« de la loi du 21 mai 1836.

« Art. 5. Les contestations auxquelles peuvent donner
« lieu l'établissement et l'exercice de la servitude, la fixa-
« tion du parcours des eaux, l'exécution des travaux de
« drainage ou d'asséchement, les indemnités et les frais
« d'entretien, sont portés en premier ressort devant le
« juge de paix du canton, qui, en prononçant, doit con-
« cilier les intérêts de l'opération avec le respect dû à
« la propriété.

« S'il y a lieu à expertise, il pourra n'être nommé qu'un
« seul expert.

« Art. 6. La destruction totale ou partielle des conduites
« d'eau ou fossés évacuateurs est punie des peines por-
« tées à l'article 456 du Code pénal.

« Tout obstacle apporté volontairement au libre écou-
« lement des eaux est puni des peines portées à l'arti-
« cle 457 du même Code.

« L'article 463 du Code pénal peut être appliqué.

« Art. 7. Il n'est aucunement dérogé aux lois qui rè-
« glent la police des eaux.

Cette loi n'exige que peu d'explications. On remarquera d'abord qu'elle est beaucoup plus générale que son titre ne semble l'indiquer. La répétition,
presqu'à chaque article, des mots *par le drainage ou
tout autre mode d'asséchement* indique bien que l'in-
tention du législateur était d'étendre les dispositions
adoptées à des travaux de nature et d'importance
variées. Le droit de passage dont parle l'article
1er de la loi existe au profit des terrains submergés
sur une certaine étendue, tels que les marais et les

étangs, bien que le desséchement en soit régi par une loi spéciale, celle du 16 septembre 1807. Cette loi ne concerne, en effet, que les terrains dont l'État prend le desséchement à sa charge ou le concède à une compagnie. En dehors de ces circonstances, les marais ne sont point soumis à ces prescriptions, et, par conséquent, la loi actuelle leur est entièrement applicable.

Les difficultés qui peuvent résulter, entre les intéressés, de l'application de cette loi sont portées en premier ressort devant la juridiction expéditive et peu coûteuse du juge de paix du canton de la situation des biens.

La loi du 14 floréal an XI, est relative aux règlements des taxes entre les intéressés d'un syndicat.

Les règlements d'indemnités dues pour expropriation sont faits comme en matière de chemins vicinaux (art. 4).

Enfin, on rapellera que les articles du Code pénal cités dans la loi portent les dispositions suivantes :

« ART. 456. Quiconque aura, en tout ou en partie, « comblé des fossés,...... sera puni d'un emprisonnement « qui ne pourra pas être au-dessous d'un mois, ni excéder « une année, et d'une amende égale au quart des resti- « tutions et des dommages et intérêts, qui, dans aucun « cas, ne pourra être au-dessous de 50 fr.

« ART. 457. Seront punis d'une amende qui ne pourra « excéder le quart des restitutions et des dommages et « intérêts, ni être au-dessous de 50 fr., les propriétaires « ou fermiers ou toutes personnes...... qui auront inondé

« les chemins ou les propriétés d'autrui..... S'il est résulté
« du fait quelques dégradations, la peine sera, outre l'a-
« mende, un emprisonnement de six jours à un mois.

« ART. 463..... Dans le cas où la peine de l'emprisonne-
« ment et celle de l'amende sont prononcées par le Code
« pénal, si les circonstances paraissent atténuantes, les
« tribunaux correctionnels sont autorisés, même en cas
« de récidive, à réduire l'emprisonnement même au-
« dessous de six jours et l'amende même au-dessous de
« 16 fr.; ils pourront aussi prononcer séparément l'une
« ou l'autre de ces peines, et même substituer l'amende
« à l'emprisonnement, sans qu'en aucun cas elle puisse
« être au-dessous des peines de simple police. »

L'importance de la loi du 10 juin 1854 est très-
sérieuse. On ne saurait assez engager les maires de
communes, les grands propriétaires, tous les hommes d'initiative, à provoquer la formation d'associations ou de syndicats pour entreprendre les travaux de desséchement ou d'asséchement qu'elle
permet d'exécuter. Les lois dont on va parler permettent d'ailleurs d'obtenir dans des conditions
très-avantageuses des fonds nécessaires aux entreprises de cette espèce.

A l'exemple de l'Angleterre, le gouvernement
français a voulu donner un puissant encouragement
au drainage, en accordant aux agriculteurs, à des
conditions très-économiques, les fonds nécessaires à
l'exécution de cette opération. Il convient d'entrer
ici dans tous les détails nécessaires pour bien faire
comprendre les facilités offertes aux agriculteurs,

aux associations syndicales et aux communes par l'ensemble des mesures relatives aux prêts pour le drainage.

La loi sur le drainage, du 17 juillet 1856, est ainsi conçue :

« TITRE PREMIER. Encouragements donnés par « l'État. Art. 1er. Une somme de cent millions de francs « est affectée à des prêts destinés à faciliter les opérations « de drainage.

« Un article de la loi de finance fixe, chaque année, le « crédit dont le ministre de l'agriculture, du commerce « et des travaux publics, peut disposer pour cet emploi.

« Art. 2. Les prêts effectués en vertu de la présente loi « sont remboursables en vingt-cinq ans, par annuités « comprenant l'amortissement du capital et l'intérêt cal-« culé à 4 p. 100.

« L'emprunteur a toujours le droit de se libérer par « anticipation, soit en totalité, soit en partie.

« Le recouvrement des annuités a lieu de la même ma-« nière que celui des contributions directes.

« TITRE II. Du privilége sur les terrains drainés et « sur leurs récoltes ou revenus. Art. 3. Il est accordé « au trésor public, pour le recouvrement de l'annuité « échue et de l'annuité courante sur les récoltes ou reve-« nus des terrains drainés, un privilége qui prend rang « immédiatement après celui des contributions publiques. « Néanmoins, les sommes dues pour les semences ou « pour les frais de la récolte de l'année sont payées sur « le prix de la récolte avant la créance du trésor public.

« Le trésor public a également, pour le recouvrement « de ses prêts, un privilége qui prend rang avant tout « autre sur les terrains drainés.

17.

« ART. 4. Le privilége sur les terrains drainés, tel qu'il
« est établi par l'article précédent, est accordé :

« 1° Aux syndicats, pour le recouvrement de la taxe
« d'entretien et des prêts ou avances faits par eux ;

« 2° Aux prêteurs, pour le remboursement des prêts
« faits à des syndicats ;

« 3° Aux entrepreneurs, pour le payement du montant
« des travaux de drainage par eux exécutés ;

« 4° A ceux qui ont prêté des deniers pour payer ou
« rembourser les entrepreneurs, en se conformant aux
« dispositions du paragraphe 5 de l'article 2103 du Code
« Napoléon (1).

« Les syndicats ont, en outre, pour la taxe d'entretien
« de l'année échue et de l'année courante, le privilége
« sur les récoltes ou revenus, tel qu'il est établi par l'ar-
« ticle 3.

« Le privilége n'affecte chacun des immeubles compris
« dans le périmètre d'un syndicat que pour la part de cet
« immeuble dans la dette commune. »

« ART. 5. Toute personne ayant une créance privilé-
« giée ou hypothécaire antérieure au privilége acquis en
« vertu de la présente loi a le droit, à l'époque de l'alié-
« nation de l'immeuble, de faire réduire ce privilége à la

---

(1) Voici le texte de cet article :

« ART. 2103. Les créanciers privilégiés sur les immeu-
« bles sont,. . . . . 5° Ceux qui ont prêté des deniers pour
« payer ou rembourser les ouvriers, jouissent du même pri-
« vilége, pourvu que cet emploi soit authentiquement con-
« staté par l'acte d'emprunt, et par la quittance des ouvriers,
« ainsi qu'il a été dit ci-dessus pour ceux qui ont prêté les
« deniers pour l'acquisition d'un immeuble. »

« plus-value existant à cette époque et résultant des tra-
« vaux de drainage.

« TITRE III. DU MODE DE CONSERVATION DU PRIVILÉGE.
« ART. 6. Le trésor public, les syndicats, les prêteurs et
« les entrepreneurs n'acquièrent le privilége que sous la
« condition d'avoir préalablement fait dresser un procès-
« verbal, à l'effet de constater l'état de chacun des ter-
« rains à drainer relativement aux travaux de drainage
« projetés, d'en déterminer le périmètre et d'en estimer
« la valeur actuelle d'après les produits.

« Lorsqu'il s'agit d'un prêt demandé au trésor public,
« le procès-verbal est dressé par un ingénieur ou un
« homme de l'art commis par le préfet, assisté d'un ex-
« pert désigné par le juge de paix ; s'il y a désaccord
« entre l'ingénieur et l'expert, celui-ci fait consigner ses
« observations dans le procès-verbal.

« Dans les autres cas, le procès-verbal est dressé par
« un expert désigné par le juge de paix du canton où
« sont situés les biens.

« Les entrepreneurs qui ont exécuté des travaux pour
« des propriétaires non constitués en syndicat doivent, de
« plus, faire vérifier la valeur de leurs travaux, dans les
« deux mois de leur exécution, par un expert désigné
« par le juge de paix. Le montant du privilége ne peut
« pas excéder la valeur constatée par ce second procès-
« verbal.

« ART. 7. Le privilége accordé par la présente loi sur
« les terrains drainés se conserve par une inscription
« prise : pour le trésor public et pour les prêteurs, dans
« les deux mois de l'acte de prêt ; pour les syndicats,
« dans les deux mois de l'arrêté qui les constitue ; pour
« les entrepreneurs, dans les deux mois du procès-ver-
« bal prescrit par le premier paragraphe de l'article 6.

« L'inscription contient, dans tous les cas, un extrait
« sommaire de ce procès-verbal.

« Lorsqu'il y a lieu à vérification des travaux, en exé-
« cution du quatrième paragraphe de l'article 6, il est
« fait mention, en marge de l'inscription, du procès-
« verbal de cette vérification, dans les deux mois de sa
« date.

« ART. 8. L'acte de prêt consenti au profit d'un syndi-
« cat répartit provisoirement la dette entre les immeu-
« bles compris dans le périmètre du syndicat, propor-
« tionnellement à la part que chacun de ces immeubles
« doit supporter dans la dépense, et l'inscription est
« prise d'après cette répartition provisoire.

« Pour les avances d'un syndicat, l'inscription est éga-
« lement prise d'après une répartition provisoire faite,
« comme il est dit au paragraphe précédent, par les
« soins du syndicat.

« Si la répartition provisoire est rectifiée ultérieure-
« ment par l'effet des recours ouverts aux propriétaires
« en vertu de l'article 4 de la loi du 14 floréal an XI, il est
« fait mention de cette rectification en marge des in-
« scriptions, à la diligence du syndicat, dans les deux
« mois de la date où la répartition nouvelle est devenue
« définitive ; le privilége s'exerce conformément à cette
« dernière répartition.

« TITRE IV. DISPOSITIONS GÉNÉRALES. ART. 9. Si une
« opération de drainage aggrave les dépenses d'un cours
« d'eau réglé par la loi du 14 floréal an XI, les terrains
« drainés sont compris dans les propriétés intéressées
« et imposés conformément à cette loi.

« ART. 10. Un règlement d'administration publique
« détermine les conditions et les formes des prêts faits
« par le trésor public, les mesures propres à assurer
« l'emploi des fonds provenant de ces prêts à l'exécution

« des travaux de drainage, les formes de la surveillance
« de l'administration, sur l'exécution et l'entretien des
« travaux de drainage effectués avec les prêts faits par
« le trésor public, et, en général, toutes les mesures né-
« cessaires à l'exécution de la présente loi. »

Cette loi ne fut pas immédiatement mise à exécution. Après une assez longue étude, le gouvernement
se décida à charger le crédit foncier de France
d'une partie des mesures à prendre pour la réalisa-
tion des prêts.

Le 28 avril 1858, une convention fut conclue entre le ministre des finances, le ministre de l'agriculture, du commerce et des travaux publics et le
gouverneur du crédit foncier de France. Cette convention est ainsi conçue :

« Art. 1er. Le Crédit foncier de France est chargé des
« prêts à faire en vertu de l'article 1er de la loi du 17 juil-
« let 1856, sur le drainage.

« Ces prêts auront lieu dans les conditions déterminées
« par ladite loi.

« Art. 2. Pour la garantie des prêts et le recouvre-
« ment des annuités, le Crédit foncier de France sera su-
« brogé, par la loi qui interviendra à l'effet de ratifier
« la présente convention, aux droits et priviléges accor-
« dés au trésor public par le troisième paragraphe de
« l'article 2 et par les articles 3 et 6 de la loi sur le drai-
« nage, sans préjudice de toutes autres voies d'exécu-
« tion.

« Le Crédit foncier de France jouira, en outre, en vertu
« d'une disposition législative, des droits et immunités

« qui lui sont attribués par le titre IV du décret du 28 fé-
« vrier 1852, modifié, conformément à l'article 1ᵉʳ de la
« loi du 10 juin 1853, par l'article 47 du même décret,
« et par les articles 4, 6 et 7 de la loi précitée du 10 juin
« 1853.

« ART. 3. Le ministre de l'agriculture, du commerce et
« des travaux publics transmet à la société du Crédit
« foncier les demandes de prêts.

« Si le Crédit foncier juge que les garanties offertes par
« les demandeurs sont suffisantes, le ministre autorise le
« prêt. Ce prêt est fait sous la responsabilité et aux ris-
« ques et périls du Crédit foncier.

« ART. 4. Indépendemment du privilége résultant de
« la loi du 17 juillet 1856, le Crédit foncier peut exi-
« ger que l'emprunteur lui confère une hypothèque,
« s'il reconnaît la nécessité de ce supplément de ga-
« rantie. »

« ART. 5. Le Crédit foncier de France est autorisé à
« contracter, avec la garantie du trésor, des emprunts
« successifs sous forme d'obligations dites *obligations*
« *de drainage*, qui pourront être émises même au-dessous
« du pair, et qui seront remboursables au pair.

« Ces émissions auront lieu jusqu'à concurrence de la
« somme nécessaire pour produire un capital de 100 mil-
« lions. Ce capital sera exclusivement consacré aux
« prêts destinés à favoriser les opérations de drainage,
« en vertu de l'article 1ᵉʳ de la loi du 17 juillet 1856.

« L'émission des obligations ne pourra être faite qu'en
« vertu d'une autorisation des ministres de l'agriculture,
« du commerce et des travaux publics, et des finances,
« qui détermineront, chaque année, l'importance et l'é-
« poque de l'émission, le taux et les autres conditions
« des négociations.

« Les obligations ainsi émises devront être rembour-

« sées dans un délai de vingt-cinq ans au plus tard, à
« partir de la création des titres.

« Chaque année le nombre des obligations à rembour-
« ser sera déterminé par le ministre des finances, qui
« pourra, s'il le juge convenable, accélérer la marche
« régulière de l'amortissement en raison des rembourse-
« ments effectués par les emprunteurs.

« Art. 6. Il sera payé par le trésor, au Crédit foncier
« de France, une commission de quarante-cinq centimes
« par cent francs par année, sur le capital de chaque
« somme prêtée, pour le couvrir, tant des risques mis à
« sa charge que des frais généraux relatifs au service
« qui lui est confié.

« Cette commission sera réduite à trente-cinq centimes
« dans le cas prévu par l'article 4, où le Crédit foncier
« aurait exigé une hypothèque.

« Si les obligations de drainage ne pouvaient être né-
« gociées au pair qu'à un taux d'intérêt supérieur à celui
« de 4 pour 100 payé par les emprunteurs, ou si elles ne
« pouvaient être négociées qu'au-dessous du pair, l'excé-
« dant de dépense qui résulterait, soit de la différence
« d'intérêt, soit du montant de la prime, sera supporté
« par le Trésor, déduction faite des bénéfices que le Crédit
« foncier aurait pu retirer des négociations d'obligations
« au-dessus du pair.

« Cet excédant de dépense sera constaté par le compte
« des obligations émises et des prêts réalisés, tenu par le
« Crédit foncier de France.

« Ce compte sera réglé tous les six mois.

« Les fonds provenant soit de la négociation des obli-
« gations, soit du payement des annuités et intérêts dus
« pour cause de retard, soit enfin des remboursements
« anticipés, seront déposés en compte courant au Trésor.

« Il ne sera payé pour cet objet d'autre intérêt au Crédit

« foncier que celui qu'il payera lui-même aux porteurs de
« ses obligations, depuis le jour du versement au Trésor
« des fonds provenant de leur négociation jusqu'au jour
« de leur emploi en prêts de drainage.

« ART. 7. La présente convention sera soumise à l'as-
« semblée générale des actionnaires du Crédit foncier de
« France.

« Elle ne sera définitive qu'après avoir été approuvée
« par un décret de l'Empereur, et par une loi en ce qui
« concerne les engagements du Trésor. »

La loi dont il est question au dernier paragraphe
de la convention que l'on vient de lire porte la date
du 28 mai 1858. Elle est ainsi conçue :

*Loi qui substitue la société du Crédit foncier de France à
l'État pour les prêts à faire, jusqu'à concurrence de
100 millions de francs, en vertu de la loi du 17 juillet
1856, sur le drainage, etc.*

« ARTICLE 1er. Le Crédit foncier de France est autorisé à
« faire les prêts prévus par l'article 1er de la loi du
« 17 juillet 1856, sur le drainage, dans les conditions dé-
« terminées par ladite loi.

« ART. 2. La société du Crédit foncier de France est
« subrogée aux droits et priviléges accordés au trésor pu-
« blic par le troisième paragraphe de l'article 2 et par les
« articles 3 et 6 de la loi du 17 juillet 1856, sans préjudice
« de toutes autres voies d'exécution.

« ART. 3. Les droits et immunités attribués au Crédit
« foncier de France par le titre IV du décret du 28 fé-
« vrier 1852, modifié conformément à l'article 1er de la loi
« du 10 juin 1853, par l'article 47 du même décret et par
« les articles 4, 6 et 7 de la loi précitée du 10 juin 1853,

« sont déclarés applicables aux prêts effectués par le Cré-
« dit foncier de France, en exécution de la loi du 17 juil-
« let 1856.

« Les annuités dues par les emprunteurs sont affectées,
« par privilége, au remboursement des obligations du
« drainage.

ART. 4. Sont approuvés les articles 5 et 6 de la conven-
« tion passée entre le ministre des finances, le ministre
« de l'agriculture, du commerce et des travaux publics,
« agissant au nom de l'État, d'une part, et la société du
« Crédit foncier de France, représentée par son gouver-
« neur, d'autre part; lesdits articles relatifs aux engage-
« ments mis à la charge du trésor par ladite convention.

« ART. 5. Un article de la loi de finances fixe, chaque
« année, la somme des obligations qui pourront être
« émises. Cette somme, pour 1858 et 1859, ne pourra dé-
« passer 10 millions. »

Un décret impérial, en date du 28 septembre 1858,
a approuvé la convention précitée du 28 avril précédent.

Un autre décret du 23 septembre 1858, *portant
règlement d'administration publique pour l'exécution
des lois des 17 juillet 1856 et 28 mai 1858, en ce qui
touche les prêts destinés à faciliter les opérations de
drainage*, détermine tous les détails d'exécution des
opérations de prêts.

L'importance de ce document oblige à le reproduire ici malgré son étendue. Il est ainsi conçu :

« TITRE Ier. FORME ET INSTRUCTION DES DEMANDES DE
« PRÊTS,—ARTICLE 1er. Tout propriétaire qui veut obtenir

« un prêt, par application des lois des 17 juillet 1856 et
« 28 mai 1858, adresse sa demande au ministre de l'agri-
« culture, du commerce et des travaux publics.

« Cette demande énonce :

« 1° La somme qu'il veut emprunter, et, s'il y a lieu,
« celle pour laquelle il entend concourir à la dépense ;

« 2° Les noms et prénoms des fermiers ou colons par-
« tiaires.

« Il y est joint un extrait de la matrice et du plan ca-
« dastral, avec indication de la situation et de l'étendue
« des terrains à drainer.

« ART. 2. Les demandes de prêt, avec les pièces à l'appui,
« sont soumises à une commission formée près du mi-
« nistère de l'agriculture, du commerce et des travaux
« publics, sous le titre de *Commission supérieure du drai-
« nage.*

« Les membres de cette commission sont nommés par le
« ministre.

« ART. 3. Après délibération de la commission, la de-
« mande de prêt est renvoyée, s'il y a lieu, à l'ingénieur
« chargé du service hydraulique dans le département de
« la situation des biens.

« Dans la quinzaine qui suit l'envoi, l'ingénieur visite
« les terrains à drainer, procède aux opérations et vérifi-
« cations nécessaires pour apprécier l'utilité de l'entre-
« prise projetée, et donne son avis sur l'admissibilité de
« la demande de prêt.

« Son rapport est adressé au préfet, qui le transmet
« dans les dix jours, avec ses propositions, au ministre
« de l'agriculture, du commerce et des travaux publics.

« ART. 4. Le ministre adresse, s'il y a lieu, les pièces à
« la société du Crédit foncier de France, afin qu'elle vé-
« rifie les titres de propriété et la situation hypothécaire
« du demandeur.

« Si la société juge que les garanties offertes par le de-
« mandeur sont suffisantes, le ministre statue, après avis
« de la commission supérieure.

« L'arrêté du ministre qui autorise le prêt en détermine
« les conditions générales, et notamment les délais dans
« lesquels les travaux devront être commencés et ache-
« vés.

« ART. 5. Si la demande de prêt est formée par un syn-
« dicat, cette demande doit contenir, outre les indica-
« tions prescrites par l'article 1er du présent règlement,
« la délibération des intéressés qui donne au syndicat
« pouvoir de contracter un emprunt soumis aux dispo-
« sitions des lois des 17 juillet 1856 et 28 mai 1858.

« Cette demande est instruite comme il est dit aux ar-
« ticles 2, 3 et 4.

« TITRE II. CONDITION DES PRÊTS ET SURVEILLANCE DE
« L'ADMINISTRATION SUR L'EXÉCUTION ET L'ENTRETIEN DES
« TRAVAUX. ART. 6. Les fonds prêtés ne peuvent être em-
« ployés qu'aux travaux du drainage; le Crédit foncier
« doit s'assurer qu'ils reçoivent leur destination.

« ART. 7. Les travaux sont exécutés par l'emprunteur
« sous la surveillance de l'administration.

« Le montant du prêt est remis à l'emprunteur par
« à-compte successifs, aux époques fixées et proportion-
« nellement au degré d'avancement des travaux, constaté
« par l'ingénieur chargé de la surveillance, de manière
« que le solde ne soit versé qu'après leur exécution com-
« plète.

« ART. 8. L'ingénieur doit refuser le certificat néces-
« saire à l'empunteur pour toucher tout ou partie du prêt,
« si les travaux sont mal exécutés.

« En cas de réclamation contre le refus de l'ingénieur,
« il est statué par le préfet, qui suspend provisoirement,
« s'il y a lieu, le payement des termes de l'emprunt.

« Si les travaux sont interrompus sans que l'emprun-
« teur ait remboursé, le préfet peut autoriser la société
« du Crédit foncier à faire exécuter, en son lieu et place,
« les travaux nécessaires pour rendre productive la dé-
« pense déjà faite jusqu'à concurrence des sommes à ver-
« ser pour compléter le prêt.

« Le tout sans préjudice des actions à intenter par la
« société du Crédit foncier devant les tribunaux civils, à
« raison de l'inexécution du contrat.

« ART. 9. L'entretien des travaux du drainage reste sou-
« mis au contrôle du Crédit foncier, jusqu'à l'entière li-
« bération de l'emprunteur.

« TITRE III. DISPOSITIONS GÉNÉRALES. Le département
« de l'agriculture, du commerce et des travaux publics
« supporte les frais de l'instruction administrative des
« demandes de prêts et de surveillance des travaux.

« Les frais de l'expertise mentionnée dans l'article 6 de
« la loi du 17 juillet 1856, ceux de l'acte de prêt, de l'in-
« scription du privilége et de l'hypothèque supplémen-
« taire, dans le cas où elle a été requise, enfin le coût
« des mainlevées et de la quittance, sont seuls à la charge
« de l'emprunteur.

« Le montant en est recouvré par le Crédit foncier dans
« le cas où il en aurait fait l'avance.

« ART. 11. Nos ministres secrétaires d'état aux dépar-
« tements de l'agriculture, du commerce et des travaux
« publics et des finances, sont chargés chacun en ce qui
« le concerne de l'exécution du présent décret. »

Ce document est assez développé pour répondre
aux questions que peuvent se poser les intéressés.
Il suffira d'y ajouter quelques observations.

L'article 1er n'exige pas la production d'un

projet de drainage; il suffit donc que les propriétaires, avant de présenter leurs demandes, s'assurent, soit par eux-mêmes, soit par les conseils de personnes expérimentées, que leurs terrains peuvent être utilement drainés.

S'ils désirent avoir *gratuitement* un projet complet et détaillé de drainage, soit avant de faire leur demande d'emprunt, soit après, ils n'ont qu'à le demander aux termes de la décision du 30 août 1854, dont on parlera plus loin, à l'ingénieur en chef de leur département; mais cette marche n'est nullement imposée. L'administration consent à mettre gratuitement ses agents les plus expérimentés à la disposition des propriétaires et des cultivateurs afin de propager les bonnes méthodes de travaux, mais elle n'impose nullement leur concours aux emprunteurs; elle veut, au contraire, qu'ils restent absolument libres dans le choix de tous les moyens d'exécution, et voit avec plaisir se multiplier chaque jour le nombre des personnes capables de projeter et de conduire convenablement des travaux de drainage.

Quelques personnes ont cru voir une contradiction entre cette liberté laissée aux propriétaires et les dispositions de l'art. 8. Les instructions données à cet égard aux préfets et aux ingénieurs ne peuvent laisser aucune crainte sur l'application de cet article. « Si les travaux sont mal exécutés, dit le mi-« nistre, l'ingénieur doit refuser le certificat néces-

« saire à l'emprunteur pour toucher tout ou partie
« du prêt. Cette disposition est grave et il importe
« qu'elle soit appliquée avec une *grande réserve*.
« Le propriétaire doit rester le maître des moyens à
« employer pour réaliser le drainage qu'il a projeté.
« Il ne suffirait pas que ces moyens parussent mal
« combinés ou défectueux pour que le certificat de
« payement dut être refusé ; il faut qu'il soit bien
« démontré que les travaux sont conduits de ma-
« nière à compromettre le résultat définitif de l'opé-
« ration. »

En fait, il ne s'est pas encore élevé *une seule* difficulté de cette nature. Les termes de la circulaire
que l'on vient de citer sont trop nets pour qu'un ingénieur refuse légèrement un certificat de payement.
Le résultat *définitif* d'un drainage n'est compromis
que par des fautes tellement grossières qu'elles ne
peuvent être commises que par les entrepreneurs
les plus incapables et en l'absence de toute surveillance du propriétaire. Dans ce cas, l'avis de l'ingénieur serait pour lui un véritable service rendu dont
il ne penserait certes pas à se plaindre.

L'application des lois et règlement qui précèdent
n'entraîne donc aucune des difficultés, des tracasse-
ries, disons-le, que quelques personnes auraient pu
redouter de la part des agents du ministère des travaux publics.

Les augmentations de dépenses résultant de difficultés imprévues ont également semblé une cause

d'embarras pour les emprunteurs. Elle n'existe pas en pratique. Les travaux de drainage sont assez connus aujourd'hui pour qu'il soit bien rare que l'on commette une erreur sensible dans l'estimation. Il convient toujours d'ailleurs de faire un peu largement l'évaluation, sauf, si l'on fait une économie, à ne pas toucher du Crédit foncier la totalité de la somme demandée. Dans le cas très-rare enfin où une augmentation de dépense se produirait, rien n'empêcherait le propriétaire de faire une seconde demande, qui pourrait être accueillie comme la première. Mais, on le répète, on comprend difficilement que cette nécessité puisse se produire pour un propriétaire prévoyant.

La société du Crédit foncier n'a presque jamais recours aux formalités nécessaires pour assurer son privilége conformément à l'article 3 de la loi du 17 juillet 1856. Elle se contente de prendre hypothèque sur les terrains drainés. Le choix de l'une ou l'autre de ces mesures est, du reste, laissé à l'emprunteur.

Une autre question se présente. Il arrive souvent que des propriétaires ont effectué des travaux de drainage antérieurement à leur demande de prêt. Les terrains déjà drainés ne peuvent être grevés du privilége créé, au profit des prêteurs, par la loi du 17 juillet 1855. Il semblerait, dès lors, que ces terrains ne peuvent pas profiter du bénéfice de la loi. Mais lorsque la compagnie du crédit foncier se contente de prendre hypothèque sans recourir aux formalités du privilége, le ministre peut autoriser le prêt pour les travaux en cours d'exécution ou récemment exécutés.

Les pièces à produire au Crédit foncier sont les suivantes :

1° Les titres de propriété tant en sa personne qu'en celle des précédents propriétaires ;

2° La déclaration de son état civil, s'il est ou a été marié, tuteur ou comptable des deniers publics ; à l'appui de cette déclaration, le demandeur devra produire son contrat de mariage ou l'acte de célébration de mariage s'il s'est marié sans contrat, postérieurement à la loi du 18 juillet 1850.

3° Un état d'inscription constatant sa situation hypothécaire.

Le prêt est fait en numéraire et consenti pour une durée de 25 années. L'emprunteur a toujours le droit de se libérer par anticipation, soit en totalité, soit en partie.

Le prêt est remboursable au moyen d'annuités qui comprennent l'intérêt calculé à 4 p. o/o et l'amortissement à 2,41 p. o/o, ensemble 6,41 p. o/o.

Le recouvrement des annuités a lieu de la même manière que celui des contributions directes. Les époques de payements sont réglées par le contrat de prêt.

Le tableau suivant, indiquant l'amortissement d'un capital de 100 francs en 25 ans à 4 p. o/o, permet à l'emprunteur de calculer chaque année le montant décroissant de sa dette.

| ANNÉES. | VERSEMENTS DES EMPRUNTEURS. | | | LIBÉRATION. |
	AMORTISSEMENT.	INTÉRÊTS 4 p. 100.	TOTAL par année.	CAPITAL restant dû.
1	2.40,1197	4.00,0000	6.40,1197	97.59,8803
2	2.49,7245	3.90,3952	6.40,1197	95.10,1558
3	2.59,7135	3.80,4862	6.40,1197	92.50,4423
4	2.70,1020	3.70,0177	6.40,1197	89.80,3403
5	2.80,9061	3.59,2136	6.40,1197	86.99,4342
6	2.92,1423	3.47,9774	6.40,1197	84.07,2919
7	3.03,8280	3.36,2917	6.40,1197	81.03,4639
8	3.15,9811	3.24,1386	6.40,1197	77.87,4828
9	3.28,6204	3.11,4993	6.40,1197	74.58,8624
10	3.41,7652	2.98,3545	6.40,1197	71.17,0972
11	3.55,4358	2.84,6839	6.40,1197	67.61,6614
12	3.69,6532	2.70,4605	6.40,1197	63.92,0082
13	3.84,4394	2.55,6803	6.40,1197	60.07,5688
14	3.99,8169	2.40,3028	6.40,1197	56.07,7519
15	4.15,8096	2.24,3101	6.40,1197	51.91,9423
16	4.32,4420	2.07,6777	6.40,1197	47.59,5003
17	4.49,7397	1.90,3800	6.40,1197	43.09,7606
18	4.67,7293	1.72,3904	6.40,1197	38.42,0313
19	4.86,4385	1.53,6812	6.40,1197	33.55,5928
20	5.05,8960	1.34,2237	6.40,1197	28.49,6968
21	5.26,1318	1.13,9879	6.40,1197	23.23,5650
22	5.47,1771	0.92,9426	6.40,1197	17.76,3879
23	5.69,0642	0.71,0555	6.40,1197	12.07,3237
24	5.91,8267	0.48,2930	6.40,1197	6.15,4970
25	6.15,4970	0.24,6227	6.40,1197	0.00,0000

Résumé de la législation française. — L'étendue des documents que l'on vient de reproduire leur donne une apparence de complication capable d'effrayer les personnes peu habituées aux formes administratives. Rien de plus simple cependant que la marche à suivre en pratique pour réaliser un prêt pour le drainage, comme on va le voir par le résumé suivant que les personnes qui désirent faire un emprunt peuvent se borner à lire attentivement.

Après s'être rendu compte de l'étendue et de l'importance des travaux à exécuter, le propriétaire écrit au ministre de l'agriculture, du commerce et des travaux publiques, sur une feuille de papier timbré de o',5o, une demande conçue à peu près de la manière suivante :

MONSIEUR LE MINISTRE,

Le soussigné (*nom et prénoms*) demeurant à (*désigner le domicile du demandeur*), département (*désigner le département*), propriétaire de (*désigner le domaine ou terrain à drainer*), exploité par (*lui-même ou par le sieur*. . . . . *à titre de fermier ou colon partiaire*), situé commune de. . . . . canton de. . . . . . arrondissement de. . . . . . département de. . . . . . . a l'honneur d'exposer à Votre Excellence qu'il désire obtenir un prêt par application des lois des 17 juillet 1856 et 28 mai 1858 sur le drainage.

Les parcelles que le soussigné se propose de drainer sont figurées sur l'extrait du plan cadastral ci-joint (1) et comprises sous les nᵒˢ. . . . .

Leur contenance totale, d'après l'extrait également ci-joint de la matrice cadastrale, est de. . . . . . . hectares. . . . . . . ares. . . . . . . centiares.

La dépense de l'opération est évaluée à. . . . .

Le prêt demandé est de. . . . . . .

Le soussigné se propose de concourir aux travaux par ses propres ressources pour la somme de. . . . *(supprimer cette dernière phrase dans le cas où le demandeur ne veut pas concourir aux dépenses des travaux).*

Le soussigné présentera ultérieurement ses titres de propriété à la Société du Crédit foncier ; il justifiera de son état civil, et produira en outre l'état d'inscription constatant sa situation hypothécaire.

Il vous prie, Monsieur le Ministre, d'agréer, etc.

Le   18   .

(Signature.)

Cette demande est adressée par la poste, sans affranchir, *à monsieur le Ministre de l'agriculture, du commerce et des travaux publics, à Paris.*

-----

(1) Les extraits du plan et de la matrice cadastrale doivent être visés, au choix du pétitionnaire, par le maire de la commune de la situation des lieux, ou par le directeur des contributions directes du département.

De huit jours à trois semaines après cet envoi, l'ingénieur de l'arrondissement vient visiter les terrains à drainer, pour s'assurer de l'utilité des travaux projetés.

Quelques semaines après, si la demande paraît faites dans de bonnes conditions, le propriétaire reçoit avis de la compagnie de Crédit foncier d'avoir à produire ses titres de propriété. La société les examine, et, lorsqu'elle en a délibéré, le ministre décide que le prêt aura lieu.

Les à-compte sont ensuite payés successivement sur le vu du certificat de l'ingénieur.

Les annuités sont versées chez le percepteur en même temps que le montant des contributions.

Si le propriétaire, soit avant, soit après sa demande, veut avoir gratuitement un projet détaillé de drainage, il en fait la demande au préfet ou à l'ingénieur en chef de son département.

En résumé la pratique de la loi sur les prêts pour le drainage ne présente pas les difficultés et les complications dont on s'est effrayé lors de son apparition. Elle serait certainement susceptible d'améliorations considérables, mais telle qu'elle est, les propriétaires, les syndicats et les communes peuvent retirer de son application de très-grands avantages et l'on ne saurait assez engager les intéressés à user de ses dispositions.

Législation anglaise. — J'ai publié en 1855 la

traduction des principales lois anglaises relatives aux prêts pour le drainage et les améliorations foncières. Depuis cette époque il n'a été rendu en Angleterre qu'une seule loi importante sur ce sujet. C'est l'acte 24ᵉ et 25ᵉ du règne de S. M. Victoria, chap. 133, en date du 6 août 1861. Sa grande longueur ne permet pas de le rapporter ici. On se bornera à dire qu'il s'applique particulièrement a faciliter la constitution d'associations pour l'exécution de tous les travaux d'assainissement, de drainage, d'irrigation et de colmatage.

La demande de constitution d'un syndicat doit être faite par les propriétaires représentant un dixième au moins de la surface intéressée aux travaux. Cette demande est examinée par un ingénieur de l'État, qui apprécie l'utilité de l'entreprise projetée. Si son rapport est favorable l'association est constituée et reçoit ses effets pourvu que les opposants ne représentent pas plus du tiers de la surface intéressée. (Art. 5.) Ces dispositions sont simples et d'une grande efficacité pratique.

FIN.

TABLE DES MATIÈRES.

PREMIÈRE PARTIE.

TRACÉ DU DRAINAGE.

DEUXIÈME PARTIE.

EXÉCUTION DU DRAINAGE.

TROISIÈME PARTIE.

FABRICATION DES TUYAUX.

FIN DE LA TABLE.

Paris. — Imprimé par E. THUNOT et Cᵉ, 26, rue Racine.